高等农林院校普通高等教育林学类系列教材

森林生态学
实验实习指导

许中旗　主编

徐学华　贾彦龙　王冬至　李玉灵　副主编

U0199198

中国林业出版社

图书在版编目（CIP）数据

森林生态学实验实习指导/许中旗主编. —北京：中国林业出版社，2021.6
高等农林院校普通高等教育林学类系列教材
ISBN 978-7-5219-1245-6

Ⅰ.①森…　Ⅱ.①许…　Ⅲ.①森林生态学–实验–高等学校–教学参考资料
Ⅳ.①S718.5-33

中国版本图书馆 CIP 数据核字（2021）第 136003 号

中国林业出版社教育分社
策划、责任编辑：肖基浒
电　　话：（010）83143555　　　　**传　　真：**（010）83143516

出版发行	中国林业出版社（100009　北京市西城区德内大街刘海胡同 7 号）
	E-mail：jiaocaipublic@163.com　电话：（010）83143500
	http：//www.forestry.gov.cn/lycb.html
经　销	新华书店
印　刷	三河市祥达印刷包装有限公司
版　次	2021 年 6 月第 1 版
印　次	2021 年 6 月第 1 次印刷
开　本	850mm×1168mm　1/16
印　张	9.75
字　数	240 千字
定　价	35.00 元

前　言

　　森林生态学是一门实践性很强的课程，实验和实习是森林生态学实践教学的重要组成部分，对于学生深入理解课程内容、提高森林感知和解读能力、掌握森林生态学的调查研究方法、培养知林爱林的专业情怀具有重要意义。近年来，随着信息技术的快速发展，新的生态学分析方法和软件不断涌现，但是，人们对于生态学研究中野外观察方法的重视程度有所下降。无论何时，通过科学、严谨的野外观察方法获得对某种生态学现象的准确认知，并获得可靠的数据，对于生态学研究都是必不可少的。实验和实习是培养学生野外观察能力必不可少的教学环节。基于以上的思考，我们根据多年的森林生态学的实践教学经验，编写了此书。

　　本书共26章内容，其中23个实验、实习内容。第1章介绍了如何进行实习的组织、准备和注意事项；第2章介绍了森林生态学的主要野外调查方法；第3章介绍了雾灵山的自然概况；第4章到第26章共设计了23个研究内容，基本上是按照从个体生态学、种群生态学、群落生态学到生态系统生态学的顺序设置。附录中列出了雾灵山的植被名录和学名，便于学生实习时查阅。在每章内容的编排上，主要包括三个部分。第一部分是背景知识。通过背景知识的阅读可以使学生对实习涉及的森林生态学知识进行一个简单的回顾和复习；第二部分是实习的核心内容。包括实习目的、实习过程、数据处理以及实习结果的分析；第三部分是案例介绍。主要介绍与本次实习内容或方法有关的生态学研究案例，目的是让学生了解通过本次实习所掌握的方法能够用于哪些森林生态学问题的研究，这将有助于提高学生的学习兴趣。

　　本教材提及的雾灵山是华北地区的天然生态屏障燕山山脉的主峰，海拔2118 m。雾灵山位于内蒙古、东北、华北三大植物区系交汇处，各种植物成分兼而有之，生物资源非常丰富，是暖温带生物多样性的保留地和生物资源宝库。雾灵山于1988年建立了国家级自然保护区，保护对象为"暖温带森林生态系统和猕猴分布北限"。雾灵山国家级自然保护区有高等植物165科645属1818种，列入中国植物红皮书《中国珍稀濒危保护植物》的物种10个；有野生动物56科119属173种，其中国家一级保护动物金雕、金钱豹，二级保护动物猕猴、斑羚等国家保护动物18种，其他级别重点保护动物121种。雾灵山地形地貌复杂，气候多样，为复杂多样的生态系统的形成创造了条件。雾灵山天然植被类型丰富，共计19个植被型，15个植被亚型，34个群系纲，337个群系，1049个群丛。同时，由于雾灵山海拔较高，形成了较为完整的植被垂直带谱，从低海拔到高海拔可依次观察到从落叶阔叶林、针阔混交林、寒温带针叶林到亚高山草甸的各种植被类型。因此，雾灵山是理想的科学研究、教学实习、科普教育基地。

杨鑫、张馨月同学参与了部分文字的录入和校对工作。向他们表示诚挚的感谢。

在本书的使用过程中，可根据教学实际情况和学校具体条件灵活选用其中的内容。例如，一些可在短时间内完成的相对简单的内容，可以作为课程实验安排在校园内进行。

由于编者水平所限，教材中难免存在错误与不足，恳请使用本书的教师、学生提出宝贵意见。

编　者

2021 年 2 月 25 日

目　录

1 实习的组织和安排

1.1 实习的目的

野外实习是《森林生态学》课程教学的重要环节。野外实习的目的与意义在于：

(1)提高学生对森林的感性认识，加深其对课堂教学内容的理解。《森林生态学》是一门实践性很强的学科。一方面，《森林生态学》的概念、知识和理论来源于对森林生态系统结构及过程的观察和总结；另一方面，《森林生态学》的知识与理论要应用于林业的生产实践。因此，需要通过野外实习，让学生走进森林，建立起抽象的知识与真实森林之间的联系，加深学生对相关知识和理论的理解。

(2)通过野外实习使学生掌握《森林生态学》的野外调查和数据分析方法，能够利用常用的野外调查工具和仪器对森林群落的结构及功能特征进行调查，培养学生的专业实践能力。

(3)通过野外实习，培养学生对森林的感知、解读能力以及解决实际问题的能力，使学生能够基于对森林的直接观察和调查，发现问题、提出问题，对森林的结构及功能特征进行初步的判断与评价，为森林的保护及经营提出建议。

(4)通过野外实习，使学生能够领略大自然的美丽风光，激发学生热爱祖国、热爱自然的热情，提高学生的专业认同感，培养学生吃苦耐劳和团结合作的精神。

1.2 实习的组织

实习分小组进行，每个组5~6人，每个组指定1名组长。

每个小组一套实习工具，实习之前发到学生手中。每个小组领到工具后，对工具进行清点和检查，如发现实习工具有问题，及时和指导老师联系进行更换。每次实习结束后都要对工具进行清点，确认无误后，上交到教师手中。

进行野外实现之前，由指导教师对实习要求、实习目的、实习内容、注意事项进行介绍。

每天出发前，在规定的时间和地点集合，教师清点人数，然后出发前往实习地点。

实习过程中，以小组为单位，严格按照指导教师的要求，完成实习任务。

每次实习结束后，由组长清点人数，然后一起返回驻地。

每天晚饭后，以小组为单位进行数据处理。

实习的最后一天下午，以小组为单位进行汇报和答辩，由指导教师进行打分。

根据指导教师要求，在规定时间内，完成实习报告。

1.3　实习安全防护

1.3.1　暴雨和洪水

实习一般在 6~8 月进行，此时正是雾灵山的雨季，降水频率和强度都比较大。教师应随时关注天气预报，在有大雨或连日降雨的情况下，不要外出实习，可安排内业任务。

如在外实习突遇大雨或暴雨，应马上中断实习，收拾工具，清点人数，远离河道，返回驻地。

如遇河水上涨，在不明水深时，不要强行涉水通过，应转移到安全地带，联系负责教师，等待救援。

1.3.2　蛇咬

雾灵山有蝮蛇等毒蛇，实习过程中要防止毒蛇咬伤。学生要穿长衣长裤和高帮鞋，并用绑腿扎紧裤腿。

在林中行进，或布设样方时，要用长木棍拨打前方和周围灌丛，以打草惊蛇，将其驱离。行进时，不要行走太快，以给蛇有逃走的时间。

遇到蛇时，不要惊慌，要镇定不动待其离开，或缓慢后退绕行。如被蛇咬伤，应迅速扎紧伤口近心处，并立即用车将伤者送往最近的医院进行救治。

1.3.3　蜂蜇

雾灵山植被保护较好，常会遇到野蜂，因此要提高警惕，防止蜂蜇事件发生。

在林中行进时，要注意观察，如遇蜂巢，不可惊扰，要绕道前行。布设样方时，如遇蜂巢，要马上转移，另找合适地段。

如不慎踩触蜂巢而受到攻击时，应迅速离开蜂巢，并用外套、书包等物品包裹头、颈、面部，保持静止不动，待蜂群散开后再离开。

如被蜂蜇，且伤口留有蜇刺，要立即拔出，并用冷水冲洗，不要挤压伤口。如出现剧痛、头昏等症状时，要及时送往当地医院进行治疗。

1.3.4　有刺或有毒植物

雾灵山有山刺玫、悬钩子、荨麻等带刺且易导致过敏的植物，实习过程中要戴手套，防止刺伤。同时，这里有许多有毒植物或者真菌，如乌头、牛扁、毛茛等，不要采食不认识的野果和蘑菇，以免中毒。

1.3.5　中暑

实习的 6~8 月正值高温季节，存在中暑的风险。中暑的症状有头晕、恶心、呕吐、浑身无力，严重时会有手脚抽筋、呼吸困难、面色苍白、体温升高的症状，甚至会昏迷、休克。如果有人出现中暑症状，应先将其安置在阴凉通风处，解开衣扣散热，并喂服仁丹或藿香正气水，或在额角抹清凉油或风油精，以缓解症状。如症状没有明显缓解，或症状比较严重，应立即送往当地的医院进行治疗。

1.3.6　其他危险

雾灵山地势险峻，坡陡沟深，实习过程中，学生要时时注意周围环境，防止意外发生。尤其是不能脱离队伍，独辟蹊径，弃大路而走捷径。拍照时，要远离悬崖峭壁，注意脚下安全。

雾灵山公路较窄，在旅游旺季车辆较多，行进过程中要保持一字队形，靠近道路山体一侧行进。不要在路上打闹嬉戏，防止意外发生。

队伍行进过程中，要前有教师或班干部带路，后面有压阵者，速度适中，防止有人掉队。实习小组组长要随时关注本组成员人数。

行进过程中，教师要密切注意学生体力情况，及时安排休息。对体力不佳者要专门安排学生进行照顾，或返回驻地休息或就医。

1.3.7 建议备用药品

藿香正气水、清凉油、仁丹、驱蚊花露水、医用纱布和胶布、碘伏、棉签、止泻药、抗过敏药、创可贴。

1.4 思考题

(1)森林生态学实习的目的和意义是什么？

(2)雾灵山实习可能遇到的危险有哪些？如何预防？

2　森林生态学野外调查方法简介

森林生态学研究的目的是探究森林在个体、种群和群落水平与不同生态因子的互作关系，揭示森林生态系统结构、功能特征的变化规律，为森林生态系统的保育及森林资源的可持续利用提供科学依据。

森林生态学的研究方法主要有野外观察、文献分析、受控实验及数学分析。其中，野外观察方法是基础。一般的过程是，通过野外观察来了解生态学现象，在文献分析的基础上提出科学假设，然后用受控实验来验证科学假设，并通过数学分析的方法研究各变量之间的数量关系，并以此为基础建立数学模型，用数学模型对生态学现象进行科学预测。在应用模型的过程中，再用野外观察的方法对数学模型的科学性进行验证，并提出新的假设，进一步通过受控实验进行验证，并对原有的数学模型进行完善和修订。如此循环往复，推动生态学的研究向前发展。

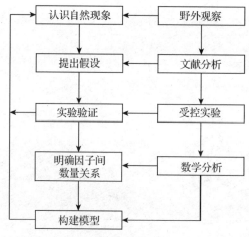

图 2-1　森林生态学研究方法

2.1　野外观察

2.1.1　野外调查

野外调查是针对森林生态系统的构成要素及其与环境之间的关系开展调查研究，通过对生态学现象的观察，探索其内在规律(国庆喜等，2010)。一般是通过相应的规范化抽样调查方法进行，如样方法、样带法和无样地调查法等。样地的设置、大小、数量及空间配置都要符合统计学要求，保证抽样调查数据能够反映森林生态系统的总体特征(朱志红等，2014)。

2.1.2　定位观测

森林生态系统具有动态变化的特征，其内部各组分的状态及其相互关系一直处于不断的变化之中，仅仅依靠若干次的野外调查不能掌握其结构和功能特征的全貌，无法获得可信的研究结论(国庆喜等，2010)。定位观测是在设置的长期固定样地上，对所要研究的森林生态系统进行长期观测，以考察森林生态系统的结构、功能及其与环境关系的时空变化规律(朱志红等，2014)。进行森林生态系统定位观测的理想方法是建立森林生态系统定位站。目前，我国已经针对各主要的森林生态系统类型建立了森林生态系统定位站，形成了森林生态系统定位观测的研究网络。

2.1.3　原位实验

原位实验是在自然条件下，按照统计学要求设置不同的试验样地，采取因子控制措施，研究特定生态因子或干扰措施对森林生态系统结构与功能的影响。例如，在同一种林分采取不同强度的抚育间伐措施，研究不同间伐强度对林分生长、植物物种多样性的影响。又如，在同一林分的不同地段，进行不同水平的施氮处理，研究施加氮肥对林地凋落物分解、土壤呼吸速率的影响等。因为原位实验是在森林生态系统中进行的实验处理，因此，其研究结果比室内控制实验更能客观反映生态因子对森林生态系统的影响。

2.2　受控实验

受控实验是指模拟自然生态系统，在人工环境下，实现光照、温度、水分、土壤、养分含量等因素完全可控，通过改变其中的某一个因素或某几个因素，来研究生态系统的结构及功能的变化规律及其生态学机制(国庆喜等，2010)。例如，在人工气候室中研究植物光合速率对 CO_2 浓度变化的响应。

2.3　数学分析

数学分析方法一方面是指利用各种数学方法，如相关分析、主成分分析等对森林生态系统各组分之间的相互关系进行分析，探究生态系统各组分之间的数量关系；另一方面，是基于已有的生态系统功能、过程与不同生态因子关系的认识，利用回归等数学方法建立数学模型，以实现对生态系统特定功能或生态过程的预测。例如，生态系统生产力模型、气候变化模型等。

2.4　常用的野外调查方法

常用的野外调查方法有样地调查法和无样地调查法两大类。

2.4.1　样地调查法

(1)样地面积

进行样地调查时，首先要确定样地的面积。样地的面积不应该小于群落的最小面积。群落最小面积的确定方法见第 14 章。一般来讲，群落的物种组成越丰富，结构越复杂，相应的最小面积就越大，取样面积也应该越大。热带地区的森林群落物种丰富，结构复杂，对于乔木层的调查，其最小面积至少在 2500 m² 以上，因此，森林调查的取样面积应该在 2500 m² 以上；亚热带地区森林群落的取样面积应在 900 m² 以上；温带地区森林群落的取样面积应该在 400 m² 以上，现在多采用 600 m²。

另外，取样面积也与调查的对象有关。如果只是针对林下的草本植物进行调查，取样面积一般为 1 m²，而灌木的调查取样面积至少应在 4 m² 以上。

（2）样地形状

样地的形状一般为正方形、矩形和圆形 3 种，以正方形和矩形较为常用。当群落空间变化较大时，采用矩形能够较好地反映群落的整体状况，效果较好。

（3）样地数量

取样时还要确定取样的数量。取样要达到一定的数量，一方面是为了能够更全面地反映调查对象的总体特征，另一方面是为了满足统计学的要求。取样数量过少不能反映森林群落的总体特征，取样数量过多，会造成人力和时间的过多投入。对于森林群落乔木层的调查，样地数量一般应至少在 3 个以上。对于草本及灌木的调查，样地数量可通过物种数—样方数曲线来进行确定，以物种数不再明显增加时曲线拐点所对应的样方数量来确定取样数量，其原理与通过种面积曲线确定最小面积类似，参考第 14 章。

（4）样地布设

在设定样地时，样地的布设即样地位置的选择也非常重要。

①典型取样法　是一种主观取样方法，即在所要研究的森林类型的某一个林分中，选择代表性地段进行样地设置。采用典型取样法选择样地应避开地形、土壤变化比较大的地段，特别是要避开群落交错区。一般需要在设立样地之前对所要研究的林分进行踏查，了解林分结构、物种组成以及生态因子的总体情况。该方法对研究者的经验要求较高。

②随机取样法　是指在需要调查的林分中随机确定样地的位置。一种做法是，在森林群落的一侧选择一个点，设为原点，构建坐标系，然后根据林分的实际大小，确定 X 坐标和 Y 坐标的范围，随机抽取 X 值和 Y 值，来确定样地的位置（朱志红等，2014）。在进行草本植物群落调查时，有时采用投掷重物的方法确定样地的位置。随机取样法的优点是符合统计学要求，可以对总体平均值及其方差进行无偏估计。缺点是比较费时费力，在野外实施难度较大。

③机械取样法　也称为系统取样法。首先随机确定一个样地的位置，然后每隔一定的间距设置一个样地，使样地均匀分布在需要调查的群落中。由于样地之间的距离是一样的，因此样地的布设比较方便、省时省力，而且样地分布在整个调查对象之中，能够较为全面地反映森林群落的整体状况，代表性较强。

④分层取样　当调查的对象面积较大，或者研究对象的生态条件较为复杂时，可采用分层抽样的方法。将研究对象按照地形、坡位、土壤、年龄、干扰强度等因素分为不同的层（组），然后在每一层（组）中再进行随机抽样，布设样地，分别进行调查统计，最后推算总体估计量的抽样方法称为分层抽样。每一层（组）中设置的样地数量根据每一层的规模来进行确定。分层抽样的优点是样本的代表性比较好，抽样误差比较小，而且简单易行，容易操作。

2.4.2　无样地调查法

无样地调查技法无须设置具有固定面积的样地，只在研究的林分中按照随机布点或机械布点的方法设置若干样点，然后测量该样点与周围植物个体的距离，进而推算森林群落的各个数量特征。无样地调查法有最近个体法、最近邻体法、随机配对法和点四分法4种方法，以点四分法较为常用(见第18章)。

2.5　常用的森林数量指标调查方法

2.5.1　林木胸径和地径的测量

胸径指树木的胸高直径，即距地面1.3 m处的树干的直径。胸径的测量需要注意以下几个方面。在坡地上进行胸径测量时，应站在树干的坡上一侧进行胸径的测量。树干有分叉时，当分叉位置在1.3 m以下时，按两株树对待，两个树干都要测量；分叉位置在1.3 m以上时，按一株树对待，测量一个胸径即可；当胸径处有节疤时，应在节疤以上20 cm处测量。

当林木高度未达到1.3 m时，则测量林木的基径。

2.5.2　树高和枝下高的测量

树高指一棵树从平地到树梢的自然高度(弯曲的树干不能沿曲线测量)。枝下高是指此树干上最下面一个较大的活的分枝高度。目前常用的测定树高的仪器有勃鲁莱斯测高器、超声波测高仪等。

2.5.3　林木冠幅的测量

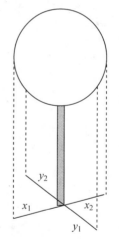

冠幅指树冠在不同方向上的幅度。首先确定两个相互垂直的方向，例如，东西向和南北向，然后用皮尺分别沿四个方向测量从树干到树冠边缘的距离，如图2-2所示，四个方向的距离分别为x_1、x_2、y_1、y_2，由x_1和x_2、y_1和y_2分别相加得到树冠两个方向的冠幅。

2.5.4　盖度的测量

(1)乔木层盖度测量

乔木层的盖度也称为郁闭度，一般用小于1的小数表示，如0.7、0.5。郁闭度的测定有如下方法。

①样线法　在样地中，沿样地的两条对角线分别用皮尺测量对角线上被林冠投影覆盖的样线长度，该长度与总样线长度之比即为林分郁闭度。

图2-2　冠幅测量示意

②树冠投影法　在方格纸上绘制树冠投影，由树冠投影面积与样地之比得到郁闭度。

③抬头望天法　在样地中，沿对角线方向，每隔一定的距离抬头望向林冠层，如果看到的是天空，记作0，如果看到的是树冠，则记作1，分别统计"0"和"1"的数量，最后由"1"的数量比上"1"和"0"的数量之和，即为林分郁闭度。

(2)灌木和草本植物盖度的测量

灌木和草本植物的盖度一般采用目测法进行测量。用目测的方法估计所有灌木、草本，或者某种灌木或草本植物的投影面积占样地面积的比例。灌木或草本的盖度用百分数表示。

2.6　思考题

(1)野外观察在森林生态学研究中的意义是什么？常用的野外观察方法有哪些？

(2)常用的野外调查方法有哪些？

(3)常用的森林数量指标如何调查？

3 雾灵山概况

3.1 地理位置

雾灵山属燕山山脉，处于燕山山脉中段，位于河北省承德市兴隆县境内，地理坐标为 117°17′~117°35′E，40°29′~40°38′N。

3.2 地质地貌

雾灵山地区在8.5亿年前的远古时代为古燕辽海；在距今8.5亿~5.7亿年间隆起为陆地；在距今5.7亿~4.5亿年的古生代再次下降为海洋；距今4.5亿年之后，再次隆起上升为陆地；之后，在中生代的燕山运动和新生代的喜马拉雅运动的共同作用下，该地区地壳隆起，断层活动剧烈，岩浆大规模入侵，形成巨大岩基，构成了燕山山脉的主体。雾灵山的岩石成分多样，岩浆岩类以花岗岩、正长岩、玄武岩为多，沉积岩类以石灰岩、页岩、砂岩为多，变质岩类以片麻岩为多。

雾灵山层峦叠嶂，主峰海拔2118.2 m，大部分山峰在1600 m以上。主峰一带明显突出，其外围呈中低山峦，地貌十分复杂，既有陡峭山脊山峰，又有平坦的山顶台地、山间小盆地、深沟狭谷、缓坡宽谷和山麓阶台等地貌类型。主山脊呈南北走向，低山谷呈东西走向居多。沟谷呈"V"字形，宽度由十几米至数百米不等。地形北高南低并呈西北向东南倾斜之势。坡度多在25°~40°之间。

3.3 气候

雾灵山属暖温带湿润大陆季风区，具有雨热同季、冬长夏短、四季分明、昼夜温差大的特征。地形地貌的复杂性，决定了气候的多样性，"山下飘桃花，山上飞雪花""山下阴雨连绵，山上阳光明媚"，素有"一山有三季，十里不同天"之称。年平均气温7.6℃，最冷月在1月，平均气温-15.6℃，绝对最低气温为-25~-28℃；最热月在7月，平均气温17.6℃，绝对最高气温一般为36~39℃。日均气温稳定，超过10℃的日期约在5~10月。≥10℃的积温3000~3400℃。年均日照时数2870 h。雾灵山山体高大，森林茂密，成为南北气候交汇带，夏秋季节雨量充沛，年均降水量763 mm，局部可达900 mm。年均蒸发量1444 mm，平均相对湿度60%。无霜期120~140 d，初霜始于10月上旬，晚霜终于4月中旬。

雾灵山气候的垂直地带性明显，气候的垂直变化见表3-1。

表 3-1　雾灵山气候的垂直变化

垂直气候带	海拔(m)	年平均气温(℃)	年降水量(mm)	无霜期(d)
低山暖湿气候带	450~1000	7~8	500	145
中山下部温湿气候带	1000~1500	5~6	550	135
中山上部冷湿气候带	1500~1900	4~5	760	120
山顶高寒半湿气候带	1900以上	2~3	650	90

3.4　土壤

雾灵山的土壤主要有典型褐土、淋溶褐土、棕色森林土、次生草甸土4种类型。

3.5　水文

雾灵山为燕山山脉主峰，地势高耸，基岩透水性差，地下水溢出点分布广泛，因此溪水常年不断，水资源非常丰富。雾灵山分水岭呈东北西南走向。西北面的水系集水区面积7752.6 hm²，最终经潮白河和清水河汇入密云水库，属海河水系；东南面的水系集水区面积6557.6 hm²，最终经滦河汇入潘家口水库，属滦河水系。因此，雾灵山是北京市和天津市的重要水源地(王德义等，2003)。

3.6　植被

雾灵山处于暖温带北部，既是暖温带落叶阔叶林向温带针阔混交林的过渡地带，也是东部湿润森林区向西部半干旱、干旱区森林草原与草原过渡地带，又是华北、东北和内蒙古三大植物区系的交汇区域。同时，该地区地貌类型丰富，海拔高差变化大，沟谷切割强烈，生境复杂，使得该地区植被类型多样，具有明显的复杂性和多样性。既有暖温带落叶阔叶林的特征，也有温带针叶林的特征。雾灵山的天然植被类型有针叶林、阔叶林、针阔混交林、灌丛、灌草丛、草丛、草甸、岩生植被、湿生植被和水生植被等。

3.7　森林资源

雾灵山保护区总面积14310.2 hm²，其中有林地面积12019 hm²，占到84%。有林地中天然林面积9349 hm²，占有林地总面积的77.8%，人工林面积2669.3 hm²，占22.2%。雾灵山的成林树种主要有油松、华北落叶松、青杆、白杆、侧柏、山杨、核桃楸、鹅耳枥、白蜡，以及桦属、椴属、栎属、槭属、柳属、榆属等不同树种。保护区的森林类型主要有9种，其中落叶阔叶林总面积达到8454.6 hm²，占有林地面积的70.3%。其次为针叶林，面积占18.1%(王德义等，2003)。

表 3-2　雾灵山自然保护区主要森林类型

群落类型	面积(hm²)	比例(%)
落叶阔叶混交林	4554.7	37.9
山杨桦木林	1807.7	15.0

（续）

群落类型	面积(hm²)	比例(%)
油松林	1420.0	11.8
针阔混交林	1392.5	11.6
栎林	1004.1	8.4
桦木林	896.5	7.5
华北落叶松林	682.7	5.7
山杨林	191.6	1.6
针针混交林	69.4	0.6
合计	12019.2	100

3.8　动植物资源

雾灵山地貌类型复杂，植被类型多样，为众多生物种类的生存繁衍创造了条件，因此该地区生物多样性丰富。

3.8.1　植物

雾灵山植物资源极其丰富。其面积只占河北省国土面积的 7.6%，而维管植物的科、属、种分别占到了河北省的 81.8%、71.7% 和 73.7%，河北省的绝大部分科、属、种在这里都有分布。就全国来看，其科属种分别占到全国的 34.3%、16.9% 和 5.7%。

雾灵山高等植物有 165 科 645 属 1818 种，其中，维管植物 119 科 535 属 1553 种；被子植物 102 科 506 属 1477 种，裸子植物 2 科 5 属 12 种。有雾灵景天、雾灵丁香、雾灵黄芩、雾灵沙参等模式植物 37 种，列入中国植物红皮书《中国珍稀濒危植物》的物种共有 10 种。包括一级保护植物人参、二级保护植物核桃和三级保护植物核桃楸、青檀、黄耆、野大豆、黄檗、刺五加、风箱果和岩报春。

3.8.2　动物

雾灵山野生陆生脊椎动物有 56 科 119 属 141 种，其中两栖纲 3 种，爬行纲 12 种，鸟纲 122 种，哺乳纲 36 种。列入国家或地方保护的动物种类有 141 种，占物种总数的 81.5%。国家一级保护物种 2 种，金钱豹和金雕；国家二级保护物种 18 种，包括红脚隼、红隼、燕隼、鸢、苍鹰、雀鹰、白尾鹞、秃鹫、花尾榛鸡、勺鸡、长耳鸮、雕鸮、猕猴、兔狲、斑羚、鸳、大鸳、纵纹腹小鸮。

3.9　思考题

(1)雾灵山的地形、地貌及气候特征如何？

(2)雾灵山的主要植被类型及森林群落类型有哪些？

4　林分基本生态因子调查

4.1　背景知识

　　森林生态学是研究森林与环境相关关系的科学。森林的生存与生长依赖于环境，需要不断从环境中吸收生长发育必需的营养物质和能量。森林的环境是指森林生活空间（包括地上空间和地下空间）和外界自然条件的总和，包括对森林生物有影响的自然环境条件及生物有机体。森林环境包括了各种环境要素，对森林生物的生长、发育、生殖、行为和分布有直接或间接影响的环境要素称为生态因子。生态因子的时空变化规律，以及森林与各种生态因子之间的相互关系是森林生态学研究的主要内容之一。

　　生态因子的性质各不相同，且相互影响，相互制约。各种生态因子随时间及空间的变化而变化，在特定的时空中各种生态因子组合构成了复杂多变的生存环境，为生物的生存与进化创造了多样化的环境条件。森林的生态因子根据其性质的不同可分为 5 种类型。气候因子主要指太阳辐射、温度、大气、水、风、气压等。土壤因子主要包括土壤厚度、结构、质地、养分含量、pH 值以及土壤生物等。地形因子主要指地形、地貌、海拔、坡度、坡向和坡位等。生物因子主要指生物间的相互关系，如捕食、寄生、竞争、共生等。人为因子主要指人类对生物资源的利用、改造等。有时为了表述和研究的方便，又将生态因子划分为生物因子与非生物因子，非生物因子泛指非生物的各种生态因子，如太阳辐射、温度、湿度、pH 值及土壤的物理及化学性质。

　　生态因子对森林的分布、生长及其他生态过程具有重要影响，所以生态因子的调查是林业生产经营活动中必不可少的一项基本工作。生态因子种类很多，但一般森林生态调查中主要调查地形因子和土壤因子，地形又以坡向和坡度最为常见。

　　坡向会影响地面接收的太阳辐射能量，从而会对土壤温度、水分及土壤生物的活动产生影响，最终影响森林的生长及分布。在中国北方山区，阳坡干旱贫瘠，以疏林和灌草植被较为常见；阴坡水分条件较为优越，土层深厚，森林覆被率高，且森林质量较好。坡度会影响坡面水分和土壤的运动，以及坡面的稳定性。陡坡径流速度快，坡面稳定性差，土壤侵蚀较为严重，土层较薄，森林植被的生长及发育受限；缓坡则侵蚀程度较弱，土层深厚，有利于植被的发育和生长。坡度一般划分为 6 级：

　　Ⅰ级为平坡：<5°；

　　Ⅱ级为缓坡：5°~14°；

　　Ⅲ级为斜坡：15°~24°；

　　Ⅳ级为陡坡：25°~34°；

　　Ⅴ级为急坡：35°~44°；

　　Ⅵ级为险坡：≥45°。

4.2 实习目的

掌握主要生态因子的一般调查方法，熟悉常用生态因子调查工具的使用方法，能够使用简单的工具对林分主要生态因子进行快速的调查，并对林分的生态条件给出快速及较为准确的判断。

4.3 实习工具

地质罗盘、手持 GPS、钢卷尺、土壤刀、铁锹、测绳、pH 试纸。

4.4 实习过程

选择分布于坡地上的油松林和蒙古栎林，对其坡向、坡度、土壤厚度、土壤湿度、土壤质地和 pH 值进行测定。

4.4.1 地理坐标的确定

使用手持 GPS 确定样地的地理坐标。

4.4.2 地形因子调查

（1）坡向

使用地质罗盘进行坡向的调查。地质罗盘结构如图 4-1 所示。

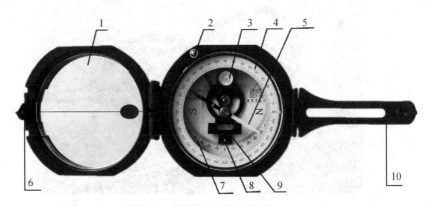

图 4-1 地质罗盘结构示意

1. 反光镜 2. 开关 3. 圆水准器 4. 刻度盘 5. 磁针 6. 小照准器 7. 坡度刻度盘
8. 坡度指针 9. 长水准器 10. 长照准器

手持罗盘，面向坡的下方，放松制动螺丝，使指针能够自由转动。将小照准器，指向目的物，使目的物、小照准器小孔、玻璃镜面上的细丝、长照准器小孔在一条直线上，同时调整罗盘使圆形水准器中的气泡居中，保证罗盘处于水平状态。等指针静止时，读取指针与罗盘 S 端（罗盘上的刻度为 180°，即目的物方向）之间的角度，确定坡向。需要注意，究竟是读取指针 N 极（白色一端）与罗盘的 S 端的夹角，还是指针 S 极（有铜丝一端）与罗盘的 S 端的夹角，主要看哪个夹角小于 90°。如图 4-2 所示，指针 S 极与罗盘 S 端之间夹角为 30°，指针 S 极指向正南，目的物方向在 S 极的左边，即偏东方向，因此，坡向为南偏东 30°。

图 4-2 用地质罗盘测定坡向

（2）坡度

在坡面较为一致，且坡面平整的情况下，将罗盘竖放在坡面上，使数值刻度盘向下，用手指扳动罗盘底部的活动扳手，慢慢调整，使长形水准器中的气泡居中，这时读出白色指针所指的读数即为坡度，如图 4-3 所示，坡度为 14°。如果坡面凹凸不平，可将硬质的记录夹放在坡面上，使记录夹与坡面平行，然后再把罗盘仪放在坡面上再进行测量。

如果坡面较长，且有比较大的起伏，可在坡上和坡下各选一个树，将测绳分别固定在两棵树的相同高度处，如 1.8m 处，然后将测绳拉紧绷直。用一个硬质的记录夹贴在测绳上，使记录夹与测绳的方向一致，然后把罗盘仪放在记录夹上进行测量，用读出的度数代表整个坡面的坡度。

图 4-3 用地质罗盘测定坡度

（3）坡位

观察调查林地所处的位置，确定其坡位。坡位包括脊、上、中、下、谷、平地 6 个坡位。

①脊部：山脉的分水线及其两侧各下降垂直高度 15 m 的范围；

②上坡：从脊部以下至山谷范围内的山坡三等分后的最上等分部位；

③中坡：三等分的中坡位；

④下坡：三等分的下坡位；

⑤山谷（或山洼）：汇水线两侧的谷地，若样地处于其他部位中出现的局部山洼，也应按山谷记载；

⑥平地：处在平原和台地上的样地。

4.4.3 土壤调查

（1）土层厚度及土壤剖面的调查

在林地中选择坡面较为平坦的地段，进行土层厚度的调查。

首先，用钢卷尺调查地表凋落物层的厚度，然后清除凋落物，露出矿质土壤。用铁锨挖土壤剖面，直到母质层。用土壤刀整理土壤剖面，露出新鲜的土壤，根据土壤剖面特征及发育程度，划分土壤层次，然后用钢卷尺调查整个剖面土层深度及各土层厚度。一般划分为 A、B、C、D 4 个层次，分别表示腐殖质层、淀积层、母质层和母岩层。同时，根据土层的过渡情况命名过渡层，A 层和 B 层之间的过渡层可依据主次划分为 AB 层和 BA 层，在土层颜色不均，呈舌状过渡，难以分出主次时，用 AB 层表示。土壤层次进一步细分，如图 4-4 所示。各层的特点见表 4-1。

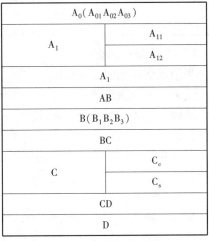

图 4-4 土壤剖面示意

表 4-1 土壤层次及其特征

土层	亚层	特征	说明
A_0（枯落物层）	L 层（A_{01}）	仍保持着凋落物的原状，尚未分解或刚开始分解	也称为死地被物层，由地上的凋落物积累形成。其厚度不计入土层厚度
	F 层（A_{02}）	位于 L 层之下，已被分解成碎片，但大部分仍可辨别来源，比 L 层颜色深	
	H 层（A_{03}）	高度分解，来源难以辨认，湿度大，颜色深，常与下层土壤充分混合在一起	
A 层（淋溶层）	A_1 层（腐殖质层）	有机质积累较多，颜色深暗，团粒结构较多，土质疏松，肥力性状较好	该层位于土体上部，又称为表土层。在该层中的水溶性物质和黏粒有向下淋溶的趋势，故称为淋溶层
	A_2 层（灰化层）	淋溶过程强烈，不仅易溶的盐类淋失，铁铝及黏粒也向下淋溶，只有难以移动的石英残留下来，颜色较浅，常为灰白色，质地轻，养分贫乏，肥力性状较差	
AB 层		A 层与 B 层之间的过渡层，AB 层存在于 A、B 层分解不明显的土体，如果二者有清晰的界限，则没有 AB 层	
B 层（淀积层）		里面含有上层土壤淋溶下来的物质，一般较为坚实。根据发育程度还可以分出 B_1、B_2、B_3 等亚层	
BC 层		为淀积层和母质层之间的过渡层	

（续）

土层	亚层	特征	说明
C层（母质层）	C_C 层	母质中含有碳酸盐的聚积层	该层没有产生明显的成土作用，由风化程度不同的岩石风化物或各种地质沉积物构成
	C_S 层	母质中含有硫酸盐的聚积层	
D层（母岩层）		母质之下半风化或未风化的基岩	

（2）土壤湿度调查

采用观察法判断土壤湿度。

①干：将土壤放置于手中感觉不到凉意，吹之尘土飞扬。

②润：将土壤放在手中有凉意，吹之无尘土飞扬。

③湿润：土壤在手中有明显湿的感觉。

④潮润：土壤放于手中，能使手湿润，并能捏成土团，但捏不出水。

⑤湿：土壤水分饱和，用手挤土壤，有水分流出。

（3）土壤质地调查

采用手测法确定土壤质地。将少量的土样放入手心，加水充分湿润、调匀，用手揉成直径约 1 cm 的泥团，然后再搓成直径约 3 mm 的细长条，再将细长条圈成环状。然后根据其形态，判断土壤质地。

①砂土：不能成细条，成珠不成条。

②砂壤土：形成不完整的短条。

③轻壤土：搓成条时易断裂。

④中壤土：成细条，但弯曲时易断裂。

⑤重壤土：细条完整，成环时有裂痕。

⑥黏土：细条完整，成环时无裂痕。

如土壤中石砾含量较多，则用砾质含量进行土壤质地分类。砾质含量指直径大于 2mm 的石砾含量，砾质含量分级标准见表 4-2。

表 4-2 砾质含量分级标准

砾质定级	砾质程度	面积比例（%）
非砾质性	极少砾质	5
微砾质性	少量砾质	5~10
中砾质性	多量砾质	10~40
多砾质性	极多砾质	>40

（4）土壤 pH 值的测定

采用广泛 pH 试纸和 pH 混合指示剂进行土壤 pH 值的测定。取黄豆粒大的土粒，碾碎后放于白瓷板上，滴入指示剂 5~8 滴，数分钟后将土壤浸出液滴入白瓷板另一小孔，用比色卡进行比色，判断 pH 值的大小。

4.5 实习结果分析

比较两块林地的坡向、坡度、土壤厚度、土壤湿度、土壤质地和 pH 值。

表 4-3　生态因子记录表

观测地点：　　　　地理坐标：　　　　班级：　　　组别：　　　记录人：　　　日期：

类型	坡向	坡度	土壤厚度	土壤湿度	土壤质地	pH 值
油松林						
蒙古栎林						

4.6　思考题

(1)何为生态因子？如何分类？

(2)地形因子和土壤因子主要包括哪些方面？

(3)在野外如何采用简单的工具和方法对森林的主要地形和土壤因子进行调查？

5 树木耐阴性鉴别

5.1 背景知识

光是影响树木生长的主要生态因子之一。由于林冠层对光照的吸收和反射作用，只有很少一部分入射光能够达到林内，森林内部的光照强度明显下降，形成一种遮阴环境。一般采用相对照度来表示林内的光照条件，相对照度为林内的照度与林外全光照之比。不同的林分其相对照度会有明显差别。落叶林的非生长季，相对照度可达到 50%~80%，而生长季则只有1%~5%。不同的树种对于林内的光照条件，即林下的遮阴环境具有不同的适应能力。有些树种能够适应林下较弱的光照，在林下遮阴环境中能够正常的生长发育，而有的树种则需要较强的光照条件才能正常地生长发育。树木忍耐庇荫的能力称为树木的耐阴性。

根据耐阴能力的不同，可将树种分为3类，分别是喜光树种、耐阴树种和中性树种。喜光树种只能在全光照条件下正常生长发育，不能忍耐庇荫，林冠下不能完成更新过程。例如，落叶松、白桦。耐阴树种能忍受庇荫，林冠下可以正常更新。例如，云杉、冷杉。中性树种是介于以上二者之间的树种。

由于耐阴能力不同，各树种会在形态上表现出明显差异。例如，由于喜光树种对光照要求比较高，因此，在光照较弱的林冠内部，树木的枝条和叶片难以存活，其叶片主要分布于树冠的表层，树冠较为稀疏。而耐阴树种的树冠内部，往往会有较多的叶片分布，树冠较为浓密(王义权等，1990)。

了解树种的耐阴性是合理进行森林经营的基础。如在采伐迹地或火烧迹地进行造林时，宜采用喜光树种，而在林下进行人工更新时，宜采用耐阴树种。由喜光树种构成的林分，在进行天然更新时，宜采用大林隙进行更新，耐阴树种则可以采用林下天然更新。

表 5-1　喜光树种和耐阴树种的差异

项　目	喜光树种	耐阴树种
树冠	树冠稀疏，透光度大，自然整枝强烈，枝下高较高	树冠稠密，透光度小，自然整枝弱，枝下高低
林分层次	林分层次单一林分比较稀疏	林分复层异龄性较强林分密度大
林内环境	透光度大，林内较明亮，干燥	透光度小，林内阴暗，潮湿
更新状况	更新幼树较少或没有	更新幼树较多
生长发育	生长快，开花结实早，寿命短	生长较慢，开花结实晚，寿命长
生理特征	光补偿点、光饱和点高； 叶绿素含量 a/b 大	光补偿点、光饱和点低； 叶绿素含量 a/b 小

5.2 实习目的

认识喜光树种与耐阴树种形态上的差异，掌握利用形态特征判断树种耐阴性的方法。

5.3 实习工具

钢卷尺、胸围尺、测高器、皮尺。

5.4 实习过程

(1)每一实习小组在野外选择观察 10 个树种。

(2)针对每一树种，仔细观察表中的形态特征，并按表 5-2 中的方法进行打分。

表 5-2 树种耐阴性打分表

项　目	指　标	分　数
树冠密度	树冠密实，透光度仅为 1%~3%	2
	树冠中等，透光度为 4%~10%	1
	树冠稀疏，透光度为 11%~20%	0
枝条着叶长度占枝长的百分比	枝条着叶长度大于或等于 50%	2
	枝条着叶长度大于或等于 35%~49%	1
	枝条着叶长度小于 34%	0
郁闭林分中树冠长度与树高之比	大于等于 50%	2
	在 35%~49% 之间	1
	小于或等于 34%	0
更新状况	郁闭的林下有较多的幼树	2
	幼树比较少	1
	没有幼树	0
自然稀疏	自然稀疏较弱	2
	自然稀疏中等	1
	自然稀疏强烈	0
综合特征	林分密度大，自然稀疏过程慢，叶片具典型阴生叶结构特征	2
	林分密度中等，自然稀疏过程中等，叶片具中庸性结构特征	1
	林分密度小，自然稀疏过程快，叶片具典型阳生叶结构特征	0

5.5 实习结果分析

计算各树种的每一项得分，填入表 5-3。根据打分结果对 10 个树种进行耐阴性评价，分数越高，耐阴性越强。

表 5-3　各树种耐阴性评价得分表

树种名称	树冠密度	枝条着叶长度占枝长的百分比	郁闭林分中树冠长度与树高之比	更新状况	自然稀疏	综合特征	合计

5.6　思考题

（1）何为树种的耐阴性？

（2）根据耐阴性的不同，可将树木分为哪些类型？

（3）喜光树种和耐阴树种在形态上的差异有哪些？如何根据其形态特征判断树种的耐阴性？

6 森林群落叶面积指数的测定

6.1 背景知识

叶片是森林植物的光合器官，也是森林生态系统的能量转化器。叶量的多少在一定程度决定了进入森林生态系统能量的多少，也决定了森林群落第一性生产力的高低。叶量的测定是评价森林生态系统生产力的前提。叶量的多少除了影响森林生态系统的生产力之外，还会影响森林内部的光照条件，从而对森林的天然更新及林下植被的发育产生重要影响。

叶面积指数(leaf area index, LAI)是衡量林分叶量多少的常用指标，它是指单位面积林地内的叶面积。因为叶片在林冠中的空间位置不同，相同面积的叶片其接受的太阳辐射能以及对太阳辐射的吸收、反射及透过作用会有很大不同，因此，有的研究将叶面积指数区分为总叶面积指数和投影叶面积指数。

总叶面积指数是指单位面积林地内的总叶面积，表示了林分中单位面积中总叶量的多少。投影叶面积是指林分中叶片的垂直投影面积与样地面积之比。两种叶面积指数的计算方法如下。

$$LAI = \frac{LA}{A} \tag{6-1}$$

式中，LAI 为总叶面积指数；LA 为样地内的叶面积；A 为样地的面积。

$$LAI_p = \frac{LA_p}{A} \tag{6-2}$$

式中，LAI_p 为投影叶面积指数；LA_p 为样地内叶片的垂直投影面积；A 为样地面积。

在实际的研究中，各个叶片在空间的相对位置各不相同，其垂直投影面积难以测定，因此，一般提到的叶面积指数都是指总叶面积指数。

叶面积指数测定的关键是叶面积的测定。单叶、林木及群落的叶面积测定方法分述如下。

6.1.1 单叶叶面积测定

单叶叶面积的测定方法有以下几种。

(1)方格法

把测定的叶子平摊在方格纸上，绘出叶子轮廓。计算叶片所占格数，叶缘不足半格者不计，超过半格按一格计，最后合计叶片所占总格数，再乘以格的面积，即可得到叶片的面积。

(2)称纸法

把叶轮廓转绘于方格纸上，剪下叶形，按下式计算叶面积：

$$S = W \cdot g \tag{6-3}$$

式中，S 为叶面积，cm^2；W 为与叶片相同形状的纸的质量，g；g 为单位面积纸重，g/cm^2。

（3）几何图形法

把叶子按自然形状，选择适当的几何图形，如长方形、正方形、三角形和梯形等，以厘米为单位进行剪切，去掉叶片的边缘部分，使其变为规则的几何图形，然后测算其面积，并称量其鲜、干质量，同时剪切掉的部分也要称量其鲜、干质量，然后根据叶子的干重与面积的关系，可以推算出一个样品的叶面积。

除了以上几种方法之外，还有求积仪测定法和光电叶面积仪测定法等。

6.1.2 单株林木叶面积测定

单株林木叶面积的测定一般采用如下方法。将林木的叶子全部摘下，称其总鲜重 G。取其中一小部分称重 g，然后测其叶面积 S_o，单株总叶面积 S 可由下式计算得出：

$$S = G \cdot \frac{S_o}{g} \tag{6-4}$$

若林木较为低矮，可查数全株叶片总数 N，并取部分叶片 n，测定单叶面积 S_i。则单株总叶面积 S 为：

6.1.3 林分叶面积测算

$$S = \frac{N}{n} \cdot \sum_{i=1}^{n} S_i \tag{6-5}$$

林分叶面积的测算，可采用不同的方法。

（1）平均标准木法

在林分内设一定面积的标准地（或样方）。测定标准地内每一株树木的胸径，选取标准木。然后测定标准木的叶面积 R_f，则标准地内叶面积 S 为：

$$S = R_f \cdot N \tag{6-6}$$

式中，S 为标准地内总叶面积，m^2；R_f 为标准木叶面积，m^2；N 是样地内林木株数。

（2）径阶标准木法

对标准地内林木进行每木检尺后，划分径阶，计算每个径阶的平均胸径，选择个径阶的标准木。对标准木进行叶面积测量，然后计算标准地内总叶面积。计算公式为：

$$S = \sum_{i=1}^{m} n_i \cdot W_i S_i \tag{6-7}$$

式中，S_i 为第 i 径阶单位鲜叶重的叶面积，m^2；W_i 为第 i 径阶标准木全株鲜叶重，g；n_i 为径阶林木株数；m 为径阶数目。

（3）重量法

一般适用于低矮的林分，测定具有破坏性。设置一定面积的样地，收获样地内的所有叶片，测定其总鲜重。同时取一部分叶片，按照单叶面积的测定方法，测定其面积，然后按照下面公式计算总叶面积。

$$S = W_f S' \tag{6-8}$$

式中，S 为样方总叶面积，cm^2；W_f 为样方叶片总鲜重，g；S' 为单位鲜重的叶面积，cm^2/g。

(4) 回归分析法

在林分的不同径级中，选择一定数量的林木，测定其叶面积，然后建立叶面积与胸径、树高的经验模型，根据经验模型计算每株数的叶面积，最后得到林分总的叶面积。常用的经验模型有如下两种：

$$S = aD^b \tag{6-9}$$

$$S = a(D^2H)^b \tag{6-10}$$

式中，S 为林木的叶面积，cm^2；D 为林木的胸径，cm；H 为树高，m；a，b 为模型参数。

(5) 凋落物法

在林分落叶季节，在林下用容器收集凋落物，由容器的面积来推算单位面积上当年的凋落物质量。同时测定凋落物的比叶面积 SLA（比叶面积为单位叶片），由凋落物的质量及比叶面积得到林分凋落物的总面积。

SLA 采用如下公式计算：

$$SLA = \frac{S_o}{W_o} \tag{6-11}$$

式中，SLA 为比叶面积，cm^2/g；S_o 为样品叶面积，cm^2；W_o 为样品叶质量，g。

凋落物总叶面积的计算公式为：

$$S = W_t SLA \tag{6-12}$$

式中，S 为凋落物总叶面积，cm^2；W_t 为凋落物总质量，g。

通过以上方法可以计算得到林分的总叶面积，由总叶面积除以样地面积得到林分的叶面积指数。

另外，还可以通过林内光照条件的变化来推算林分的叶面积指数。林分的叶面积指数越大，则意味着林分的叶量也越多，其对太阳辐射的反射、吸收作用也越大，林内的太阳辐射强度则越低。因此，林内的太阳辐射强度与林分的叶面积指数存在确定的数量关系，可以通过林内的太阳辐射强度来推测林分的叶面积指数的大小。林分冠层分析仪就是利用了这种原理来测定林分的叶面积指数。

6.2 实习目的

深入理解林分叶面积指数的概念，学习叶面积指数的测定方法。

6.3 实习工具

剪刀、天平、皮尺、钢卷尺、胸径尺、方格纸。

6.4 实习过程

大树的叶面积测定难度较大，因此本实习内容安排在苗圃中进行。

(1) 每个实习小组，在苗圃中选择一阔叶树的苗圃地为试验地，在其中设置 3 m×3 m

的样方。

（2）在样地内对所有林木进行每木检尺，测定苗木的胸径和树高，并计算其平均值。

（3）在样地中选择一株胸径和树高与平均胸径和树高最为接近的苗木作为标准株。

（4）将标准株的叶片全部取下，迅速测定其总鲜重。然后从中选择少量叶片，用单面刀片将其切成规则的矩形或正方形，计算其面积，并迅速测定其鲜重。

（5）然后根据叶片鲜重与叶面积的数量关系，计算标准株的总叶面积。

（6）由标准株的总叶面积得到样地的总叶面积。

6.5　实习结果分析

根据获得的数据，由下式得到单株叶面积。

$$R_f = G \cdot \frac{S_o}{g} \tag{6-13}$$

式中，S 为标准木的总叶面积，cm^2；G 为标准木叶片总鲜重，g；g 为取样叶片的鲜重，g；S_o 为取样叶片的叶面积，cm^2。

然后由下式得到样地内的总叶面积：

$$S = R_f \cdot N \tag{6-14}$$

式中，S 为标准木的叶面积，cm^2；N 为样地内林木株数。

最后，由下式得到叶面积指数：

$$LAI = \frac{S}{A} \tag{6-15}$$

式中，LAI 为叶面积指数；S 为样地内总叶面积，cm^2；A 为样地面积，在本实验中，A 为 9 m^2。

6.6　案例

刘志理等（2015）利用凋落物法对小兴安岭阔叶红松林叶面积指数进行了研究，并用凋落物测定的结果对其他方法得到的结果进行验证。结果表明，通过凋落物法得到的阔叶红松林叶面积指数为 6.88，采用平均优势度模型、林分优势度模型及局域优势度模型预测的叶面积指数为 12.44、7.86 及 7.41；平均优势度模型不适于预测针阔混交林的 LAI，林分优势度模型预测效果较好，精度达 86%，局域优势度模型预测效果最优，精度高于 90%。同时，本研究也发现，要准确测定阔叶红松林的 LAI，最少应选择测定 8 个主要树种的比叶面积。

6.7　思考题

（1）何为叶面积指数？测定叶面积指数的目的是什么？

（2）常用的测定叶面积的方法有哪些？

（3）本实验所采用的测定叶面积指数方法，哪些方面可能会对测定结果产生影响？

7 林内相对照度与叶量垂直分布的关系

7.1 背景知识

森林的林冠层对林内的太阳辐射有明显影响。林冠层对太阳辐射具有吸收和反射作用，使得到达林内地表的太阳辐射强度及其组成都会发生明显的变化，从而对林分的天然更新及林下的植被发育产生明显影响。当林内的太阳辐射强度过低，低于林下更新幼苗的光补偿点时，幼苗的生长及发育受到抑制，林分的天然更新过程受阻。同时，当林内的太阳辐射强度过低时，林下的灌木和草本层的发育也会受到抑制，造成林分结构及层次的简单化，导致林分生物多样性保育及水土保持和水源涵养等生态功能下降。

林内的太阳辐射强度与林分类型、季节及叶面积指数有关。如北美的桦木林内的相对照度可达到 20%～30%，欧洲赤松林约为 11%～13%，而挪威云杉林则只有 2%～3%。另外，林内的太阳辐射强度与季节有明显的关系，北美的栎林冬季林内的相对照度为 40%～69%，而展叶期则为 3%～35%。无论是林分类型，还是季节，其对林内太阳辐射影响的实质是叶量的变化。即林内的太阳辐射强度主要决定于林分的叶面积指数。叶面积指数越大，太阳辐射受到的吸收和反射作用越强，林内的光线越弱。林内的照度与叶面积指数符合下面的数量关系。

$$I = I_0 e^{-KLAI} \tag{7-1}$$

式中，I 为林内的光照；I_0 为林外或冠层上部的光照；K 为消光系数；LAI 为叶面积指数。

消光系数 K 是描述辐射通过冠层逐渐下降的一个常数。两片叶面积指数相近的林分，其林内的光照强度可能会有很大不同，这种不同则源于两个林分林冠层的消光系数的不同。消光系数 K 与叶片的着生状态有关，垂直倾斜的叶片或小叶片的消光系数较低，如草地为 0.3～0.5；叶片接近水平时，消光系数较高，达到 0.7～0.8。

7.2 实习目的

掌握一般的叶量和相对照度的测定技术，使学生认识光照强度与叶面积指数之间的相关关系。

7.3 实习工具

盒卷尺、皮尺、胸径尺、剪刀、手锯、天平、试料袋、塑料绳若干米、木工笔、记录本、记录纸、铅笔、方格纸、叶面积测定仪、烘箱、照度计。

7.4 实习过程

本实习内容安排在实习基地附近的苗圃中进行。选择晴朗无云的天气，每个组在苗圃中选择苗高不超过 2 m 的苗圃地作为本实验内容的研究地点。

7.4.1 林内照度的测定

（1）每个组在选定的苗圃地设置 3 m×3 m 的样方。

（2）在样方中，从苗木的最顶端开始，向下进行分层，每 50 cm 分一个层次（图 7-1），分层的位置在苗木的树干上进行标注。

（3）使用照度计从顶端开始一直到地表，分层进行照度的测定。在每一层高度，随机选择 5 个位置进行照度的测定，5 个位置的照度取平均值，作为该层的照度。从上往下，各层的照度为 I_0，I_1，I_2，…，I_n。

注意：照度的测定要迅速，整个测定在 20 min 内完成。

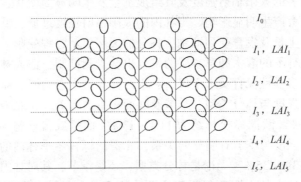

图 7-1 分层测定照度计及叶面积指数示意

7.4.2 分层叶面积指数的测定

（1）对样地进行每木检尺，测定每株苗木的树高和胸径/地径，计算平均树高和平均胸径/地径。

（2）在样地中选择一株树高、胸径/地径与平均值相同或接近的苗木作为标准株。

（3）按照从上到下的顺序，分层摘取苗木的叶片，带回室内进行称重。每一层的叶重分别记作 w_1，w_2，…，w_n。

（4）从称完重的叶片中，取一部分，用单面刀片切成矩形或正方形等规则的形状，计算其叶面积，并进行称重。

（5）由叶重与叶面积的关系，计算每一层叶片的总叶面积。

（6）由每一层的叶面积得到每一层的叶面积指数。

7.4.3 消光系数的测定

根据每一层的叶面积指数和照度，根据经验公式计算消光系数。

7.5 实习结果分析

（1）采用下式计算每一层的叶面积。

$$S_i = nW_i \frac{S_{ip}}{W_{ip}} \tag{7-2}$$

式中，S_i 为第 i 层的叶面积，m^2；W_i 为标准株第 i 层的叶重，g；W_{ip} 为标准株第 i 层取样叶重，g；S_{ip} 为第 i 层取样的叶面积，m^2；n 为样方内苗木株数。

(2)分层叶面积指数的计算

$$LAI_i = \frac{\sum\limits_{i=1}^{n} S_i}{S} \tag{7-3}$$

式中，LAI_i 为第 i 层的叶面积指数；S 为样地面积，m^2；n 为所分层数。

(3)消光系数的计算

将 I_0、I_i 和 LAI_i 代入式(7-4)，计算消光系数 K，然后对 K 值取平均，得到苗圃地的消光系数。

$$I_i = I_0 e^{-KLAI_i} \tag{7-4}$$

7.6　案例

裴保华等(1990)采用重量法对不同密度 I-69 杨人工林的叶面积指数进行了测定，并对林分内光照的垂直分布进行了研究。他们发现，低密度、中密度和高密度林分的叶面积指数分别为 5.94、7.81 和 5.47。当叶面积指数达到 7.81 时，冠层最大叶面积密度达到 0.8~0.9 是林分最适密度状态。同时，该研究用特制 ST-80 棒状照度计测得林冠各层的平均照度，根据光衰减方程计算了 I-69 杨人工林的消光系数 K，发现 K 值的变化范围为 0.34~0.7。根据各层的叶面积指数和相关系数，得到了该林分的光强衰减曲线(图 7-2)。最后得出结论，林龄 6 年的高密度和中密度林分冠层内，白天有 30.5% 的时间光强低于光补偿点，而同龄低密度林分为 22.2%。该研究根据不同密度林分内光照及其叶面积指数的变化，对其生产力进行了评价，得出结论：高密度林分林龄 6 年时，其相对生产能力远低于中密度和低密度林分，林龄为 7 年时，低密度林分的相对生产能力已接近中密度林分，高密度林分的采伐不宜晚于 6 年，中密度林分可推迟到 8 年(裴保华，1990)。

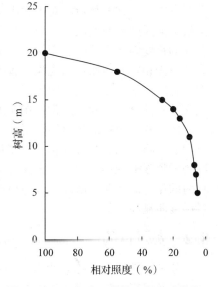

图 7-2　I-69 杨人工林的光强衰减曲线

7.7　思考题

(1)林内的光照强度与叶量的关系如何？

(2)林内光照的特点是什么？

(3)本实验中，测定林内的光照强度时应注意哪些方面？

(4)消光系数的生态学意义是什么？

8 森林小气候的观察

8.1 背景知识

小气候是指由于下垫面结构和性质不同，造成热量和水分收支差异，从而在小范围内形成一种与大气候不同特点的气候，统称小气候。一般指近地面几米气层内、土壤表层和植被层内的气候，泛指由于下垫面性质以及人类和生物活动而形成的较小范围内的特殊气候。森林小气候指的是以森林植被为下垫面所形成的小气候。

与大范围气候相比较，小气候具有如下特点。首先，范围小，主要在几米以下，水平方向可以从几毫米到几十千米。其次，差别大和变化快，差别大是指无论垂直方向还是水平方向，气象要素的差异都很大；变化快是指在小气候范围内，温度、湿度或风速随时间的变化都比大气候快，而且越接近下垫面，温度、湿度、风速的变化越大。最后，小气候变化规律较为稳定，只要形成小气候的下垫面物理性质不变，它的小气候差异也就不变。

森林小气候的形成机制在于森林下垫面对太阳辐射、温度、热量及水分传输等产生了重要影响。森林的林冠层对于太阳辐射具有反射、吸收作用，导致进入林内的太阳辐射无论从辐射强度还是波段的组成方面都发生了明显的变化。首先，太阳辐射强度明显下降，下降的程度因林冠层叶面积指数的不同而有所不同。其次，林冠层会吸收生理辐射中大部分的橙光和红光，而对绿光吸收较少，因此，林内的生理辐射会明显下降，而绿光所占比例会有所增加。太阳辐射中生理活性最强的波段称为生理辐射，因为生理辐射的波段与可见光基本重合，因此，经常使用照度计测定照度来反映太阳辐射强度。

由于森林植被的林冠层使得进入林内的太阳辐射减少，从而导致林内的气温和地温都有明显下降，同时其日变化及年变化的幅度也会减小。林内土壤温度的日变化则随土壤深度的增加逐渐减小，到达一定深度，则没有明显的日变化。由于林内气温明显下降，导致林内的相对湿度明显增加。森林植被的蒸发散以及林内气温的下降导致林内环境的大气相对湿度明显高于林外。

8.2 实习目的

使学生掌握太阳辐射强度、空气温度、土壤温度、大气湿度等小气候指标的测定方法，以及常用气象仪器的使用方法，同时，使学生掌握森林对林内小气候的影响规律，加深对森林调节小气候原理的理解。

8.3 实习工具

照度计、最高温度表、最低温度表、地表温度计、曲管温度计和手持综合气象站。

8.4 实习过程

选择一个郁闭的林分，在林内和林外各设一观测点，安置观测仪器。林内和林外的观测点都应远离林缘，至少应在 50 m 以上。每个实习小组分成两个小组，分别在林内和林外进行观测。从早 6:00 开始至第二天早 6:00 结束，每隔 2 h 观测一次，记录各项数据。

8.4.1 太阳辐射的观测

在林内和林外，同时进行照度的测定。测定时，将照度计的探头调整到水平，打开照度计的开关，并根据辐射强度将照度计调至合适档位，这时显示屏上开始有数字变化，待数字稳定后，进行读数，每 20 s 读数一次，连续读数 3 次，取平均值。

在林内的两个高度上进行照度的观测，一个在灌草层之上，一个在地表之上。在灌草层之上观测到的照度主要受乔木冠层的影响，近地表之上的照度受乔木、灌木及草本层的共同影响。由于林内光照空间变化较大，需要在林内随机选择 5 个不同位置进行观测，取平均值作为林内该时间点的照度。

在林外测定照度时取一个点即可。测定时尽量使身体在远离太阳辐射来源的一侧，以减少身体对照度的影响。

8.4.2 气温及大气湿度的观测

使用手持的 NK5500 手持式综合气象站分别在林内和林外的观测点对气温和大气湿度进行观测。观测时，打开 NK5500 手持式综合气象站，将其探头置于 1.5 m 高处，并使其尽量远离观测者的身体，待各观测数值稳定后读取各项数据，并记入表 8-1。

8.4.3 地温的观测

曲管地温计是一种测定浅层不同深度土壤温度的温度表。管部长而弯曲呈 135°，球部感应部分埋入土壤一定深度。在地温观测地段，清除杂草，并对地面进行平整，面积约为 2 m×4 m。在平整后地面中间位置挖沟，沟呈东西走向，长约 40 cm，沟壁往下向北倾斜，与沟沿成 45°坡；沟的北壁呈垂直面，北沿距南沿宽约 20 cm；沟底为阶梯形，由东至西逐渐加深，每阶距地面垂直深度分别约为 5 cm、10 cm、15 cm、20 cm，长约 10 cm。沟坡与沟底的土层要压紧。然后安放地温表，使表身背部和感应部分的底部与土层紧贴，然后用土将沟填平。填土时，土层也须适度培紧，使表身与土壤间不留空隙。在林内和林外各埋设 3 组。

图 8-1 NK5500 手持式综合气象站

NK5500 手持式综合气象站简介

NK5500 手持式综合气象站可测量风速、风向、温度、风寒指数、大气压、海拔、相对湿度、热力指数、露点温度、气压、湿球温度等指标

在每个时间点进行观测时，按 0 cm、最低、最高和 5 cm、10 cm、15 cm、20 cm 地温的顺序读数。观测地面温度时，应俯视读数，不能把地温表取离地面。对 3 组地温表的观测值取平均，代表各土层深度的温度。

8.5 实习结果分析

将观测数据填入表 8-1，并进行数据的统计分析。

计算每个时间点林内林外各气象数据的平均值及标准误，并进行方差分析，比较林内与林外各气象指标是否存在显著性差异。

表 8-1　小气候数据观测表

观测地点：　　林分类型：　　地理坐标：　　坡度：　　坡向：　　班级：　　组别：　　记录人：　　日期：

时间	林外									林内								
	照度	温度	湿度	地温				最低	最高	照度	温度	湿度	地温				最低	最高
				0 cm	10 cm	15 cm	20 cm						0 cm	10 cm	15 cm	20 cm		
6:00																		
8:00																		
10:00																		
12:00																		
14:00																		
16:00																		
18:00																		
20:00																		
22:00																		
0:00																		
2:00																		
4:00																		
6:00																		

以时间为横轴做各气象指标随时间变化的折线图。

8.6　案例

李亚男等（2015）采用 ST-85 式照度计、曲管地温计和 KESTREL4500 便携式气象站对位于河北省木兰围场国有林场孟滦分场的人工落叶松林及天然次生杨桦林的间伐及未间伐林地的小气候进行了对比观测。

通过观测发现，林外光照强度的日进程均呈相对平滑的单峰曲线，于中午 12:00～13:00 达到最高值，而在人工落叶松林、天然次生杨桦林下的光照日进程则呈现出不同程度的波动。同时，在各个观测时间，间伐样地内的照度明显高于未间伐林地。杨桦林间伐区林下照度平均值为全光照的 65.7%，而未间伐区仅为 12.4%。

从土壤温度来看，在各个土层深度上（0 cm、5 cm、10 cm、15 cm、20 cm），人工落叶松林与天然次生杨桦林的间伐区均明显高于未间伐区。人工落叶松林间伐区地表土壤最高温度的平均值为 43.3 ℃，明显高于未间伐区的 26.5 ℃。同时，间伐区及未间伐区的差异随土壤深度的增加逐渐减小，15 cm 深度土层二者的差异基本消失。同时，无论是间伐林地还是未间伐林地，土壤温度的变化随着土壤深度的增加而表现出明显的滞后性。2012 年 7 月最高温 38.55 ℃，出现在 14:00；5 cm 处的土壤温度最高值则是出现在 15:00～16:00 之间；10～20 cm 处温度在观测时间段内都是逐渐增加的，17:00 或 18:00 处达到最高值。

最后，该研究得出结论，抚育间伐对林分内的光照强度及浅层土壤温度有明显影响，并将对林分更新、林下植被发育及林地土壤的生物地球化学过程产生深远影响。

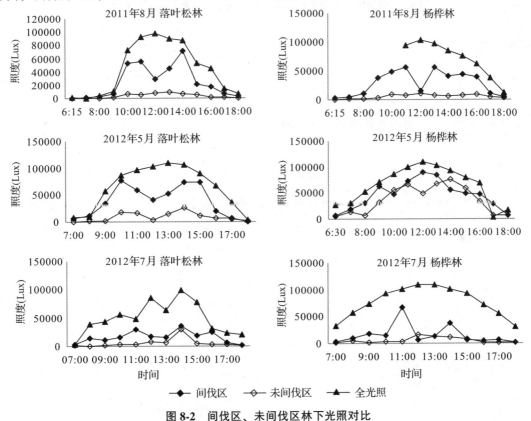

图 8-2　间伐区、未间伐区林下光照对比

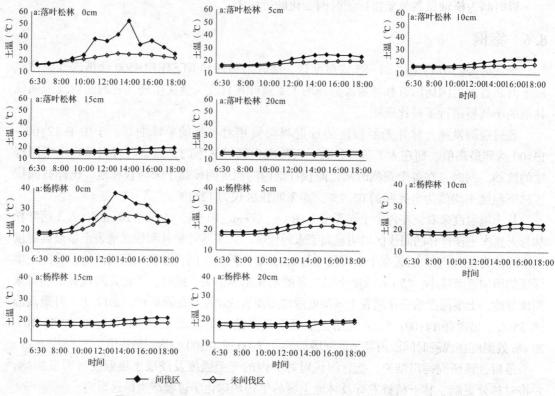

图 8-3　间伐区、未间伐区不同深度土壤温度比较(2011 年 8 月)

8.7　思考题

(1) 何为小气候?

(2) 森林内的小气候有哪些特点?

(3) 林内气温和地温的日变化有何不同?

9 树木叶片功能性状的调查

9.1 背景知识

植物功能性状是指植物体具有的与其定植、存活、生长和死亡紧密相关的一系列植物属性，这些属性为植物常见的性状，它能够显著影响生态系统功能，并反映植被对环境变化的响应(刘晓娟，2015)。植物叶片是连接植物与外界环境的重要桥梁，其功能性状变化受外界环境和系统发育的共同影响(孙梅，2017)。叶片功能性状是植物功能性状中的一种重要类型，是植物叶片所有的形态和生理生化特性中，能反映植物对生境适应性的性状指标(Violle C，et al.，2017)。叶片功能性状指标相对容易测量，且更能反映植物与外界环境的关系，能将植物个体、环境和生态系统结构、功能与过程联系起来(孟婷婷，2007)，解释一些重要的生态学问题。

叶片功能性状指标主要有叶面积大小、叶干重、比叶面积、叶片碳氮磷含量和叶绿素含量等。这些功能性状受气候、地形、海拔、坡向、微生境等因素的影响(祝介东等，2011；罗璐等，2011；盘远方等，2018；谢立红等，2019；王世彤等，2020)；即使同一树种不同方向和不同冠层叶片功能性状也有差异(田俊霞等，2018)。叶面积是指单个叶片表面的投影面积，通常用多片叶子面积的平均值来表示。比叶面积是植物单片叶片面积与其干重的比值，且资源越丰富的环境中同种植物的比叶面积数值越大。叶干物质含量是指植物叶片干重与叶片鲜重之比，在较好环境中的植物叶干物质量含量越大。叶厚度指垂直于叶面方向上的厚度。叶片氮磷含量分别是指植物叶片单位干重中氮和磷的质量，其含量的高低可以反映植物叶片获取氮磷营养的能力。叶片光合能力可以用叶片净光合速率表示，叶绿素含量也可以直接测量获得。

通过测定树种叶片功能性状指标，能更好地了解树木叶片对环境变化的响应和适应性，揭示群落物种共存机制以及群落动态变化规律，阐明叶片功能性状变化对生态系统功能的影响。

9.2 实习目的

掌握树木叶片功能性状的调查方法以及叶面积、叶干重、叶片氮磷含量等功能性状指标的测定与分析方法。

9.3 实习工具

罗盘、花杆、皮尺、钢卷尺、数显游标卡尺、叶绿素测定仪、便携式叶面积仪、计算器、记录表等。

9.4 实习过程

（1）样地调查和叶片取样

①在雾灵山的蒙古栎林中，设置 1 个 20 m×30 m 的调查样地。在样地内调查每株树的胸径和树高，填写表 9-1。同时，调查林分的郁闭度、土壤厚度、坡向、坡度和坡位等生态因子。

②根据林分调查数据，计算林分的平均树高和平均胸径，然后在林内选择 3~5 株树高和胸径与平均树高和平均胸径最为接近的林木作为标准木。在每株取标准木的树冠外层取阳生叶 10 片，在树冠的内层取阴生叶 10 片，迅速放入密封袋中，带回室内进行叶片功能形状的测定。注意所取叶片应健康、没有破损和未受病虫害的侵染和取食。

（2）叶片功能性状测定

①叶片厚度测定：把采集的叶片样品表面擦洗干净，用数显游标卡尺测定叶厚度，计算蒙古栎阳生叶和阴生叶厚度平均值。

②叶面积测定：用扫描仪扫描所有叶片测定叶面积（如果没有叶面积仪，可采用第 6 章的方法测定叶面积）；或采用便携式激光叶面积仪测量叶面积（精确至 0.01 cm²）。计算蒙古栎阳生叶和阴生叶的叶面积。

③干重测定：用电子天平称量叶片的鲜重（精确至 0.01 g），然后在 80℃下烘 24 h 至恒重，分别测定干重，获得蒙古栎阳生叶和阴生叶的干重。

④叶片 N、P、C 含量测定：采用凯氏定氮法测定叶片全 N 含量；采用钼锑抗比色法测定叶片全 P 含量；采用重铬酸钾容量法—稀释热法进行 C 含量的测定。分别测得蒙古栎阳生叶和阴生的叶 N、P、C 含量。

⑤叶绿素含量（Chl, SPAD）直接用叶绿素仪进行测定。分别测得蒙古栎阳生叶和阴生叶叶绿素含量。

以上测得的数据填入表 9-2，便于进一步分析。

表 9-1 叶功能性状样地基本情况调查表

地点： 群落类型： 地理坐标： 坡向： 坡度： 坡位：
郁闭度： 班级： 组别： 记录人： 日期：

树号	树种	胸径（cm）	高度（m）

表 9-2 叶片功能性状指标记录表

类型	面积（cm²）	比叶面积（cm²/g）	厚度（mm）	干物质含量（g/g）	氮含量（mg/g）	磷含量（mg/g）	含碳率（%）	叶绿含量（Chl, SPAD）
阳生叶								
阴生叶								

9.5 实习结果分析

对调查和测定的叶片功能性状指标按以下公式进行计算：

(1)比叶面积(SLA，cm²/g)= 叶片面积(m²)/叶片干重(kg)；

(2)叶干物质含量($LDMC$，g/g)= 叶片干重(mg)/叶片鲜重(g)；

(3)N含量 (mg/g)= 叶片全氮(mg)/叶片干质量(g)；

(4)P含量 (mg/g)= 叶片全磷(mg)/叶片干重(g)；

(5)含碳率 (%) = $\dfrac{c \times 100}{M}$

式中，C 为叶片中的碳量，g；M 为叶片干重，g。

最后根据是实验结果分析蒙古栎阳生叶和阴生叶功能性状的差异及其原因。

9.6 案例

田俊霞等(2018)以中国广泛分布的温带针阔混交林为研究对象，通过测定主要物种9个冠层高度的叶片比叶面积、叶片干物质含量、叶片N含量、叶片P含量、N∶P和叶绿素含量等属性，探讨了针阔混交林叶片性状的差异以及各性状之间的相关关系，进而揭示叶片性状随树冠垂直高度的变化规律。结果表明：①温带针阔混交林内优势树种的部分叶片性状在不同冠层高度之间差异显著。②随着树冠垂直高度的增加，各性状指标呈现不同的变化趋势。其中，阔叶树种叶面积随着树冠垂直高度的增加而减小；所有树种的叶片干物质含量随着树冠垂直高度的增加而增加；不同树种叶片的N含量、P含量、N/P比和叶绿素含量随树冠垂直高度的变化规律存在差异。③在温带针阔混交林冠层中，比叶面积与叶片N含量、P含量、N/P比均呈显著的正相关关系，高叶面积伴随着高的N含量、P含量、N/P比，表明植物通过叶面积、N、P等性状的协同来提高叶片的光合作用。

表 9-3　各树种不同部位叶片功能性状的差异

性状指标	分层	白桦	水曲柳	蒙古栎
比叶面积 （SLA，cm²/g）	上层	16.75±2.40	80.80±23.83	11.35±9.24
	中层	20.81±3.41	96.0±10.40	12.90±2.66
	下层	21.95±2.02	110.4±26.24	13.79±1.93
叶干物质含量 （$LDMC$，g/g）	上层	411.79±14.14	433.21±3.07	418.2±31.70
	中层	405.93±8.09	419.64±4.20	416.38±9.11
	下层	385.55±7.51	381.73±4.56	388.60±4.61
氮含量 （mg/g）	上层	21.14±0.89	23.44±0.45	23.35±0.31
	中层	24.20±1.57	26.99±0.43	22.81±0.33
	下层	27.25±1.22	29.67±0.59	22.97±0.25
磷含量 （mg/g）	上层	1.45±0.05	1.55±0.04	1.44±0.09
	中层	1.53±0.05	1.70±0.04	1.40±0.03
	下层	1.46±0.03	1.76±0.03	1.48±0.03

（续）

性状指标	分层	白桦	水曲柳	蒙古栎
N：P	上层	14.51±0.31	15.21±0.43	16.57±0.98
	中层	16.05±0.93	16.12±0.34	16.46±0.40
	下层	18.84±0.89	16.88±0.37	15.59±0.24
绿叶素含量 （Chl，SPAD）	上层	40.73±0.66	42.61±4.49	44.17±2.04
	中层	39.25±0.48	41.79±1.25	41.49±0.81
	下层	38.01±0.46	39.09±1.52	40.90±0.59

注：引自田俊霞，2018。

9.7　思考题

（1）什么是植物的功能性状？

（2）研究植物功能性状的意义是什么？

（3）叶片的功能性状一般包括哪些方面？

（4）阴生叶和阳生叶的功能性状有何不同？

10 林木种群空间分布格局的调查

10.1 背景知识

种群分布格局是指组成种群的个体在其生活空间中的位置状态或布局，是种群属性的一种表现形式；植物种群空间分布格局分为随机分布、集群分布和均匀分布 3 种类型（陈吉泉等，2014）。随机分布是指每一个个体在空间都是随机地定位，个体分布完全取决于机会，符合泊松分布数学模型。随机分布一般在自然界不常见，但在森林群落进入稳定期后，优势乔木常常表现为随机分布（李俊清，2006）。集群分布是最广泛的分布方式，是指种群内个体分布密集，自然条件下种群多为集群分布，符合负二项分布（谢宗强等，1999）。均匀分布是指种群内个体之间保持一致距离的分布格局，人工植物群落中的个体分布为典型的均匀分布（付必谦，2006），符合正二项分布。

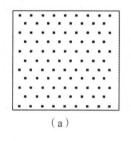 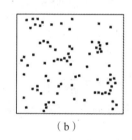 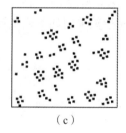

（a） （b） （c）

图 10-1 种群分布格局类型
（a）均匀分布 （b）随机分布 （c）集群分布

天然次生林中乔木树种的种群分布格局常呈现集群分布，这是物种特性和生境条件共同作用形成的（袁志良等，2011）。不同种群其分布格局不同，即使是同一种群，在不同的年龄阶段及不同生境条件下，其分布格局也会有所不同（王道亮等，2016）。种群分布格局的研究可以阐明种群特征，揭示种内和种间关系，以及种群与环境的关系，对种群恢复具有重要的意义，是生态学的研究热点之一。

尺度大小不同，种群分布格局也不尽相同。在小尺度的条件下，林木种群可能表现为随机分布、集群分布或均匀分布；但在大尺度情形下，种群往往表现为集群分布。种群到底属于哪种分布格局类型？在实际调查和研究中，需要通过大量抽样，取得该种群个体密度和坐标数据，经过计算和统计显著性检验，才能确定种群的分布格局。

常用的林木种群分布格局的判定方法如下：

（1）扩散指数 C

扩散指数的计算公式如下：

$$C = \frac{s^2}{\bar{x}} \tag{10-1}$$

式中，s^2 为样本方差；$\bar{x}$ 为样本平均数。

扩散指数的统计学基础是泊松分布中方差与均值相等。均匀分布时，抽样单位中出现的个体数大多接近于均值，故方差小于均值；集群分布时，抽样单位中出现个体数大多大于或小于均值，方差大于均值。因此，$C=1$ 判定为随机分布；$C<1$ 为均匀分布；$C>1$ 为集群分布。统计学上采用 t 检验来确定 $s^2/\bar{x}$ 的实测值与 1 的差异程度。

$$t = \frac{\dfrac{s^2}{\bar{x}} - 1}{\sqrt{2/(n-1)}} \tag{10-2}$$

式中，n 为样方总数。比较 t 与 $t_{0.05}(n-1)$，确定其差异显著性（谢宗强等，1999）。

（2）负二项参数 K

负二项指数 K 的计算公式如下：

$$K = \frac{X^2}{(s^2 - X)} \tag{10-3}$$

式中，K 表示负二项参数，K 值反映聚集度，K 越小聚集度越大，若 $K>8$，则接近泊松分布。

（4）Green 指数 GI

Green 指数采用如下公式计算：

$$GI = \frac{\dfrac{s^2}{\bar{x}} - 1}{n - 1} \tag{10-4}$$

式中，GI 表示 Green 指数。集群分布时，$GI>0$；均匀分布时，$GI<0$，$GI=0$ 为随机分布。

（3）Morisita 指数 I

Morisita 指数的计算公式如下：

$$I = \frac{\sum x^2 - \sum x}{\left(\sum x\right)^2 - \sum x} \times n \tag{10-5}$$

$I=1$ 为泊松分布；$I<1$ 为均匀分布，$I>1$ 为集群分布。应用 $x^2 = I \times \left(\sum x - 1\right) + n - \sum x$ 与 $x^2_{(n-1)}$ 检验差异显著性（$P<0.05$）（张金屯，1995）。

（4）集群分布格局强度的测定

通过聚块性指数 PAI 评价集群分布格局强度，聚块性指数采用如下方法进行计算：

$$PAI = \frac{m^*}{m} \tag{10-6}$$

式中，m 为每个小样方平均个体数，数值越大表示该个体受其他个体的拥挤效应越大；m^* 采用以下公式进行计算：

$$m^* = \frac{\sum x^2}{\sum x} - 1 \tag{10-7}$$

m^*/m 考虑了空间格局本身的性质，并不涉及密度，值越大，集聚性越强(谢宗强等，1999)。

10.2　实习目的

深入理解林木种群空间分布格局的生态学意义，了解森林林木种群的空间分布格局的种类，掌握林木种群分布格局的调查和分析方法。

10.3　实习工具

罗盘、花杆、全站仪、皮尺、钢卷尺、铅笔、计算器和野外记录表等。

10.4　实习过程

选择蒙古栎天然次生林和油松人工林作为调查对象，一部分实习小组调查油松人工林，一部分实习小组调查蒙古栎天然次生林。调查完后，小组之间共享调查数据，进行蒙古栎天然次生林和油松人工林空间分布格局的比较。

10.4.1　样方法

(1)在蒙古栎天然次生林和油松人工林中，布设 50 m×50 m 的调查样地。调查样地的郁闭度、土壤、坡向、坡度和坡位等生态因子。

(2)将调查样地分别划分为 100 个 5 m×5 m、25 个 10 m×10 m 的小样方，调查每个样方中的蒙古栎(油松)的株数，填入表 10-1。

表 10-1　种群分布格局调查表(5 m×5 m)

地点：　　　群落类型：　　　地理坐标：　　　坡向：　　　坡度：　　　坡位：

郁闭度：　　　班级：　　　组别：　　　记录人：　　　日期：

样方号	株数
1	
2	
3	
…	
n	
s^2	
$\bar{x}$	

表 10-2　种群分布格局调查表(10 m×10 m)

地点：　　　群落类型：　　　地理坐标：　　　坡向：　　　坡度：　　　坡位：

郁闭度：　　　班级：　　　组别：　　　记录人：　　　日期：

样方号	株数
1	
2	
3	
…	
n	

（续）

样方号	株数
s^2	
$\bar{x}$	

10.4.2 坐标法

（1）在蒙古栎天然次生林和油松人工林中，布设 50 m×50 m 的调查样地。调查样地的郁闭度、土壤、坡向、坡度和坡位等生态因子。

（2）以每个样地左下角为原点，以与等高线平行的边为 X 轴，垂直于方向的边为 Y 轴，构建坐标系，然后测定样地内每株蒙古栎（油松）的坐标，填入表 10-3。

（3）将样地中各林木的坐标数据输入 Excel 表中，然后做散点图（图 10-2），在散点图中设置 5 m×5 m、和 10 m×10 m 的网格，形成 100 个 5 m×5 m 的样方和 25 个 10 m×10 m 的小样方。

（4）调查每个小样方中的林木点数（林木株数），分别填入表 10-1 和表 10-2 中。

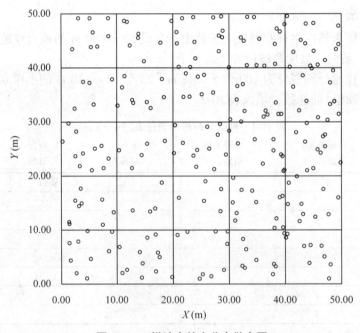

图 10-2　样地内林木分布散点图

表 10-3　种群分布格局调查记录表

地点：　　　群落类型：　　　地理坐标：　　　坡向：　　　坡度：　　　坡位：
郁闭度：　　　班级：　　　组别：　　　记录人：　　　日期：

林木编号	胸径(基径)(cm)	坐标 X(m)	坐标 Y(m)

10.5　实习结果分析

根据式(10-1)~式(10-7)分别计算扩散系数 C、Morisita 指数 I，判断分布格局的类型。同时，计算聚块性指数，聚块性指数越大，种群聚集性越强。将计算结果填入表 10-4 中。分析样方大小对种群分布格局的影响，同时比较蒙古林天然次生林与油松人工林的分布格局的差异。

表 10-4　种群分布格局

树种	样方面积(m^2)	扩散系数 C	t 检验	I	GI	K	聚集性指标 m^*/m	分布类型
蒙古栎	5 m×5 m							
	10 m×10 m							
油松	5 m×5 m							
	10 m×10 m							

注：其中分布格局类型有随机分布、均匀分布和聚集分布 3 种。

10.6　案例

【案例10.1】

谢宗强等(1999)应用扩散系数 C、Morisita 指数 I 和聚集指数 m^*/m 判定方法对银杉种群的空间分布格局进行了研究，研究结果见表 10-5。结果表明：银杉种群的空间分布格局受银杉种群本身的生物学特性、种群的年龄和更新方式等，以及群落内小环境的共同影响。在老龄种群内，多为集群分布；在较年轻的种群内，多为随机分布。气候和立地条件基本一致时，群落内岩石的覆盖与土壤侵蚀形成的小环境，对银杉种群的空间分布类型和格局规模有显著影响；甚至在同一个林窗内，林窗中心和林缘附近不同的光照条件，对银杉的分布格局都有影响。银杉种群的空间分布格局受群落学特征的影响主要体现在群落种类组成和结构上。银杉作为共优种，在群落内的分布受制于其他共优种，特别是常绿阔叶树种。在各种银杉群落中，就银杉种群而言，光因子可能是影响其生存，进而影响其分布格局的主导因子。银杉种群集群分布的格局规模虽在各群落种群间差异明显，但大多在面积小于 16 m^2 的较小尺度下发生。

表 10-5　银杉种群的空间分布格局的判定

区组面积 (m^2)	拥挤度指数(Lloyd)		扩散系数 C				Morisita 指数			
	m^*	m^*/m	s^2/x	t	$t_{0.05}$	分布	I	x_2	$x_{0.05}^2$	分布
4	0.55767	1.68992	1.22767	1.60183	1.987	随机	1.70455	121.545	128.615	随机
6	0.74050	1.95485	1.36170	2.06200	1.998	聚集	1.98000	88.520	86.809	聚集
9	0.93112	1.32168	1.22662	1.05081	2.016	随机	1.32473	52.742	59.668	随机
12	1.12508	1.12508	1.12508	0.50034	2.038	随机	1.12500	36.000	46.210	随机
16	1.69129	1.28128	1.37129	1.28618	2.064	随机	1.27841	32.909	36.415	随机

（续）

区组面积	拥挤度指数（Lloyd）		扩散系数 C				Morisita 指数			
（m²）	m^*	m^*/m	s^2/x	t	$t_{0.05}$	分布	I	x_2	$x_{0.05}^2$	分布
20	2.32610	1.40976	1.67610	2.08389	2.093	随机	1.40152	31.848	30.114	聚集
25	1.99779	0.96863	0.93529	0.17721	2.131	随机	0.96970	14.030	24.996	随机

注：谢宋强等，1999。

【案例 10.2】

王道亮等（2016）采用单变量、双变量分析方法对黄龙山天然次生林内辽东栎的种群各生长阶段的空间格局、不同生长阶段间相互关联性进行研究。结果表明：① 辽东栎种群在两块样地内的径级结构均符合倒"J"形，从径级分布角度说明两块样地的天然更新状况都良好；②辽东栎的空间分布格局与尺度有密切关系，两块样地在大、中尺度水平上基本表现为随机分布，但是在较小尺度上均表现为聚集分布，在样地 I 中 0~6 m 尺度上尤为突出；③同一样地内各生长阶段的空间分布格局不同，幼龄个体在小尺度均表现为聚集分布；④样地中不同生长阶段间相互关联性也不尽相同。辽东栎种群是黄龙山天然次生林重要的建群种之一，研究其不同生长阶段个体的空间分布规律有助于掌握黄龙山区辽东栎生长现状；研究不同生长阶段的空间关联性有利于深入了解其群落的发展趋势，并为对种群聚集性较大的区域开展结构化森林经营提供重要依据。

10.7 思考题

（1）何为种群的空间分布格局？有哪几种类型？

（2）研究树木种群空间分布格局的意义是什么？

（3）影响树木种群空间分布格局的因素有哪些？

11 林木种群生命表的编制和存活曲线的绘制

11.1 背景知识

生命表是系统记载和分析种群生死动态的一览表，是研究种群数量动态和进行种群数量预测的工具(付必谦，2006)。生命表具体由许多行和列构成的表，第一列通常是表示年龄或发育阶段，从低龄到高龄或小径级到高径级自上而下排列，而第一行是表示种群存活数、死亡数和期望寿命等一些指标(李俊清，2006)。生命表在种群生态学研究中的应用越来越广泛，已成为研究种群数量动态的重要手段。

生命表分为动态生命表和静态生命表。动态生命表又称特定年龄生命表，是跟踪同一时间出生的一个种群的死亡或存活动态过程而获得数据编制的表，要求观察的种群足够大，而且从出生到死亡各个年龄阶段的全部过程。静态生命表又称特定时间生命表，是根据某一特定时间对种群年龄结构的调查资料而编制的生命表，表中各年龄组的个体是不同时间出生的，而且经历不同的环境条件，但是编制前提是假定种群经历的环境条件每年是一致的(付荣恕等，2005)，其优点是容易编制，并能看出种群的生存和繁殖策略，大多研究采用种群静态生命表分析种群的数量动态。实际研究中一般采用径级代替年龄和空间代替时间的方法编制生命表。

存活曲线是根据生命表，借助于存活个体数量来描述特定年龄死亡率，通过把特定年龄组的个体数量与时间对应作图而得到的(李俊清，2006)。通常情况下，以径级为横坐标，以标准化存活量的对数为纵坐标绘制存活曲线。利用存活曲线可以进一步分析种群数量动态规律和机制。存活曲线分为 3 种类型：①Deevey Ⅰ形。凸形曲线，植物绝大多数都能活到其平均生理寿命，早期死亡率很低，但在到达一定生理年龄时，短期内几乎全部死亡。②Deevey Ⅱ形。对角线形，这类植物在整个生命过程中，死亡率基本是固定的，即各

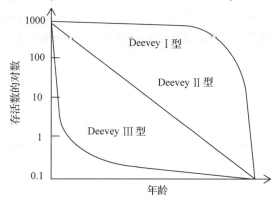

图 11-1　存活曲线的类型

个年龄组的死亡率基本相同。③Deevey Ⅲ 型。凹形曲线，这类植物在幼龄期死亡率极高，一旦达到成年，以后的死亡率低而稳定。

编制静态生命表和存活曲线能深入分析种群数量动态与环境之间的关系以及次生林群落稳定性的维持机制，可为种群的恢复和次生林的经营管理提供科学依据。

11.2　实习目的

深入理解种群生命表的生态学意义，掌握林木种群生命表的编制方法、存活曲线的绘制方法和种群数量动态的分析方法。

11.3　实习工具

罗盘、花杆、游标卡尺、皮尺、钢卷尺、计算器、记录表等。

11.4　实习过程

(1)在天然杨桦次生林中，每个调查小组设置 1 个 20 m×30 m 的样方。调查记录每个样地的郁闭度、土壤、坡向、坡度和坡位等生态因子，填入表 11-1。

(2)选择每个样地内对群落未来发展有重要影响的优势树种白桦和山杨种群，分别调查每个个体的胸径(基径)和树高大小。对于高度大于 3 m 的白桦和山杨，测量其胸径；高度小于 3 m 的白桦和山杨，测定其基径大小。白桦树种由于具有无性分株，在测定时，如果在地面处有分株产生，有几株则测量记录几株的胸径(基径)和树高大小。

(3)采用种群径级结构代替年龄结构以及空间代替时间的方法，分析白桦和山杨种群结构数量动态。根据白桦和山杨树种的特性，将幼龄个体划分为 Ⅰ 、Ⅱ 、Ⅲ 三级，分别为幼苗(高度≤40 cm)、小幼树(高度为 40~100 cm)和大幼树(高度>100 cm，胸径<2 cm)。当胸径>2.0 cm 时，径级按每 2 cm 划分为 1 个径级，2.0 cm<Ⅳ≤4.0 cm，4.0 cm<Ⅴ≤6.0 cm，…，分别统计样地内白桦和山杨种群的个体数，绘制种群生命表和存活曲线，进行种群数量动态分析，填入表 11-2。

表 11-1　种群基本情况调查记录表

地点：　　　　群落类型：　　　　地理坐标：　　　　坡向：　　　　坡度：　　　　坡位：
郁闭度：　　　　班级：　　　　组别：　　　　记录人：　　　　日期：

物种	胸径(基径)(cm)	高度(m)	样方	物种	胸径(基径)(cm)	高度(m)
			…			

表 11-2　种群数量统计表

物种	径级	数量	样方	物种	径级	数量
白桦	I			山杨	I	
	II				II	
	III				III	
	IV				IV	
	V				V	
	VI				VI	
	VII				VII	
	…		…		…	

11.5　实习结果分析

(1)编制动态生命表

动态生命表跟踪同一时间出生的一个种群的死亡或存活动态过程而获得数据编制的表。要求观察的种群足够大，而且要追踪从出生到死亡各个年龄阶段的全部过程，不太适合寿命很长物种的数量动态规律研究(娄安如等，2005)。

(2)编制种群静态生命表

静态生命表又称特定时间生命表。是在特定实际观察植物各种群年龄(径级)阶段的个体存活比率，估计每个年龄(径级)阶段中的死亡率。种群静态生命表主要包括以下参数：实际存活数 a_x、标准化存活数 l_x、标准化死亡数 d_x、死亡率 q_x、区间寿命 L_x、总寿命 T_x、期望寿命 e_x 和消失率 K_x 等指标。

根据种群静态生命表的假设，种群年龄结构组合是稳定的，各年龄结构比例不变。在实际调查中，所调查的种群实际个体数有时并不是随着年龄或径级的增加，个体数呈现减少的趋势，而是在一些区间阶段出现个体数量波动的情况，出现死亡率为负的情况，这时需要对实际存活个体数量进行匀滑(江洪，1992)，得到匀滑后的存活数(a_x^*)，匀滑后再计算种群数量动态各指标。

以云杉种群为例，说明其匀滑计算方法：云杉种群在 II、III 和 IV 阶段出现数量波动，根据匀滑技术进行处理。计算云杉第1到第3径级区段存活数的累积之和：$T = \sum a_x = 172$，平均数 $a_x = T/n = 172/5 \approx 34$，$a_x = 34$ 为该区段的组中值，即第3径级的匀滑修正值，且根据该区段的第一个存活数和最后一个存活数的差值(56−30 = 26)及区段的间隔数(为3)，可以确定每一相邻径级的存活数之间的差值为：26/4 ≈ 7。为了保持匀滑后的存活数等同于实际存活数。同理，需要对后边径级存活数进行匀滑处理。经匀滑修正后得到 a_x^*，根据 a_x^* 编制云杉种群静态生命表，见表 11-3。

表 11-3 云杉种群静态的生命表

径级	a_x	a_x^*	l_x	d_x	q_x	L_x	T_x	e_x	$\ln l_x$	K_x
I	56	56	1000.00	267.86	0.27	866.07	3080.36	3.08	6.91	0.31
II	32	41	732.14	125.00	0.17	669.64	2214.29	3.02	6.60	0.19
III	20	34	607.14	125.00	0.21	544.64	1544.64	2.54	6.41	0.23
IV	34	27	482.14	125.00	0.26	419.64	1000.00	2.07	6.18	0.30
V	30	20	357.14	125.00	0.35	294.64	580.36	1.63	5.88	0.43
VI	19	13	232.14	107.14	0.46	178.57	285.71	1.23	5.45	0.62
VII	7	7	125.00	89.29	0.71	80.36	107.14	0.86	4.83	1.25
VIII	2	2	35.71	17.86	0.50	26.79	32.79	0.92	3.58	0.69
IX	1	1	17.86	—	—	—	—	—	2.88	–

注：引自赵欣鑫等, 2017。

$$l_x = \frac{a_x}{a_0} \times 1000 \tag{11-1}$$

式中，l_x 为 x 龄级开始时标准化存活个体数；a_x 为 x 龄级内现有个体数。

$$d_x = l_x + l_{x+1} \tag{11-2}$$

式中，d_x 为从 x 到 $x+1$ 龄级间隔期内标准化死亡数。

$$q_x = \frac{d_x}{l_{x1}} \times 100 \tag{11-3}$$

式中，从 x 到 $x+1$ 龄级间隔期间死亡率。

$$L_x = \frac{l_x + l_{x+1}}{2} \tag{11-4}$$

式中，L_x 为从 x 到 $x+1$ 龄级间隔期间还存活的个体数(区间寿命)。

$$T_x = \sum_x^\infty L_x \tag{11-5}$$

式中，T_x 为从 x 龄级到超过 x 龄级的个体总数(总寿命)。W 为种群个体全部死亡时的年龄；L_i 为 x 到 $x+1$ 年龄期间还存活的个体数，即期间单位存活数 L_x。

$$e_x = \frac{T_x}{l_x} \tag{11-6}$$

式中，e_x 为进入 x 龄级个体的期望寿命。

$$K_x = \ln l_x - \ln l_{x+1} \tag{11-7}$$

式中，K_x 为从 x 到 $x+1$ 龄级间隔期间消失率(损失度)。

(3)制作种群存活曲线

依据白桦和山杨种群静态生命表，以白桦和山杨种群径级为横坐标，以白桦和山杨标准化存活量的对数为纵坐标，绘制白桦和山杨优势种群的存活曲线，并判断存活曲线的类型。根据白桦和山杨种群存活曲线进一步深入分析种群数量动态变化规律。

11.6　案例

【案例11.1】

赵阳等（2020）通过应用样地调查和数据统计，绘制种群结构图，编制静态生命表等方法，研究紫果云杉、岷江冷杉、油松和辽东栎种群等数量动态。结果表明，紫果云杉和岷江冷杉幼苗数量充足，但死亡率高，幼龄期过后种群逐渐稳定，存活曲线均符合 Deevey Ⅲ型，为增长型种群；油松林也有较大的幼苗比例，在幼龄、中龄和中老龄期各出现了1次死亡高峰，存活曲线符合 Deevey Ⅱ型；辽东栎幼苗数量不足，幼龄和中龄期各出现了1次死亡高峰，存活曲线接近于 Deevey Ⅱ型。研究结论，4个种群均为增长型，紫果云杉与岷江冷杉林种群自然更新好，结构稳定，增长潜力大；油松林幼苗优势不明显，增长潜力较小；辽东栎林自然更新较差，易受外界环境干扰，增长潜力最小。种群自然更新过程中，幼龄个体高死亡率现象普遍存在，光照和空间限制而导致的竞争和自疏作用是造成幼苗、幼树存活率偏低的关键因素。

表 11-4　岷江冷杉种群静态生命表

龄级	径阶	l_x	d_x	q_x	L_x	T_x	e_x	a_x	$\ln l_x$	$\ln k_x$
Ⅰ	0~5	1000	865	0.865	567	872	0.872	3075	6.908	2.003
Ⅱ	5~10	135	84	0.624	93	304	2.254	415	4.905	0.978
Ⅲ	10~15	51	14	0.269	44	211	4.167	156	3.927	0.314
Ⅳ	15~20	37	1	0.018	37	168	4.518	114	3.613	0.018
Ⅴ	20~25	36	2	0.062	35	131	3.590	112	3.595	0.065
Ⅵ	25~30	34	4	0.105	32	95	2.796	105	3.531	0.111
Ⅶ	30~35	31	11	0.351	25	63	2.065	94	3.420	0.432
Ⅷ	35~40	20	11	0.541	14	38	1.911	61	2.988	0.779
Ⅸ	40~45	9	1	0.143	8	23	2.574	28	2.209	0.154
Ⅹ	45~50	8	4	0.500	6	15	1.920	24	2.055	0.693
Ⅺ	50~55	4	0	0.083	4	9	2.340	12	1.362	0.087
Ⅻ	55~60	4	2	0.636	2	5	1.507	11	1.275	1.012
ⅰ	60~65	1	0	0.000	1	3	2.269	4	0.263	0.000
ⅱ	65~70	1	0	0.231	1	2	1.269	4	0.263	0.263
ⅲ	70~75	1	1	1.000	1	1	—	3	0.000	0.000

注：引自赵阳等，2020。

【案例11.2】

刘国军等（2010）运用动态生命表方法，观察和分析了准噶尔盆地东南缘天然梭梭幼苗生长动态。结果显示：梭梭当年生幼苗存在两个存活率下降快、死亡率和致死力高的阶段。第一阶段从4月1日至5月1日幼苗死亡率为69.9%；第二阶段为6月15日至7月15日，幼苗死亡率由79.1%增加到85.1%。早期生长阶段的高死亡率，是由于动物咬食和不利气候因素的影响；而后一阶段死亡率较高，是由于浅层土壤水分下降所致。存活曲线属 Deevey Ⅲ型，表明幼苗早期个体死亡率较高，此阶段是幼苗天然更新的关键时期。幼苗期动态生命表的研究可以为梭梭天然更新及其管理措施的制定提供科学依据。

表 11-5　梭梭天然幼苗苗期动态生命表

时间段(月-日)	n_x	l_x	d_x	q_x	$\ln l_x$	k_x
0(04-01)	805	1000	357	0.36	6.91	0.44
1(04-15)	518	643	343	0.53	6.47	0.76
2(05-01)	242	301	51	0.17	5.71	0.19
3(05-15)	201	250	41	0.16	5.52	0.18
4(06-15)	168	209	60	0.29	5.34	0.34
5(07-15)	120	149	20	0.13	5.00	0.14
6(08-15)	104	129	17	0.13	4.86	0.14
7(09-15)	90	112	15	0.13	4.72	0.14
8(10-15)	78	97	—	—	4.57	—

注：引自刘国军等，2010。

11.7　思考题

(1)研究森林种群生命表的目的和意义是什么？

(2)何为种群生命表？有哪些类型？它们有何不同？

(3)森林种群生命表一般包括哪些内容？

(4)研究森林种群生命表的难点在哪里？如何解决？

12 植物物种生态位的调查

12.1 背景知识

生态位是指一个物种占据的物理空间及其在生物群落中的结构与功能作用关系，由它生存必需的全部环境因素组成，反映了物种对环境资源的需求以及对多样化环境资源的利用特征(陈吉泉等，2014)。群落中每一个种具有自己的生态位。群落中种群所处的资源状况或称资源谱，主要包括营养、空间以及大气、土壤、水文条件等。种群对资源谱中的各种资源利用能力是由种群数量特征来表达的，例如，密度、盖度、频度、重要值等指标(宋永昌，2001)。植物种群生态位研究是生态学研究的热点之一，通过分析群落中种群生态位宽度和物种间生态位重叠，不仅可以了解群落内各物种种群对资源的利用情况，而且有助于掌握种群的竞争机制和规律，这对认识群落内物种的共存和群落稳定性机制具有十分重要的意义。

在实际研究中，应用物种的生态位宽度和生态位重叠来分析物种的生态位特征。生态位宽度即生态位大小，是一个物种所利用的各种不同资源的总和。一般来说，生态位宽度越大，表明物种对环境的适应能力越强，对各种资源的利用较为充分，在群落中往往处于优势地位。生态位重叠是指不同物种的生态位之间的重叠现象或共有的生态位空间，即两个或更多的物种对资源的共同利用状态(付必谦等，2006)。

常用的生态位宽度有 Levins 生态位宽度(李艳等，2016)、Hurlbert 生态位宽度(胡正华等，2009)、生态位总宽度 B(汤景明等，2012)等，生态位重叠的计算方法则有生态位相似比例 Cih(江焕等，2019)和 Pianka 公式(李艳等，2016)等。其计算方法如下：

(1)生态位宽度

①Levins 生态位宽度：

$$B_i = -\sum_{j=1}^{r} p_{ij} \log p_{ij} \tag{12-1}$$

式中，B_i 为种 i 的生态位宽度；P_{ij} 为物种 i 在资源系列(各个样方，下同)中第 j 个资源位(第 j 个样方，下同)的重要值占该种重要值总和(即 i 物种在各个样方中的重要值总和，下同)的比例，r 为资源位数(样方数，下同)。

②Hurlbert 生态位宽度：

$$B_a = \frac{B_i - 1}{r - 1} \tag{12-2}$$

式中，$B_i = 1/\sum_{j=1}^{r} P_{ij}^2$；$B_a$ 为生态位宽度；P_{ij} 为物种 i 在资源系列中第 j 个资源位的重要值占该种重要值总数的比例；r 为资源位数，$B_a \in [0, 1]$。

③生态位总宽度 B

$$B = \sqrt{\sum_{i=1}^{n} B_i^2}$$ (12-3)

式中，B 为生态位总宽度；B_i 为物种在第 i 个群落类型(样地)的生态位宽度；n 为群落类型(样地)的数目。

(2)生态位重叠

①生态位相似比例：

生态位相似比例是指两个物种利用资源的相似程度，其计算公式为：

$$C_{ih} = 1 - \frac{1}{2} \sum_{j=1}^{r} |p_{ij} - p_{hj}|$$ (12-4)

式中，C_{ih} 表示物种 i 与物种 h 的相似程度，且有 $C_{ih} = C_{hi}$，$C_{ih} \in [0, 1]$；p_{ij}，p_{hj} 分别为物种 i 和物种 h 在资源位 j 上的重要值百分率。

②Pianka 公式：

$$O_{ik} = \sum_{j=1}^{r} n_{ij} n_{kj} / \sqrt{\sum n_{ij}^2 \sum n_{kj}^2}$$ (12-5)

式中，O_{ik} 为物种 i 和物种 k 的生态位重叠值；n_{ij}，n_{ik} 为物种 i 和物种 k 在资源 j 上的优势度即重要值；r 为资源位数。

其中，重要值计算如下：

乔木重要值=相对密度+相对频度+相对显著度   (12-6)

灌木和草本重要值=相对密度+相对高度+相对盖度   (12-7)

相对显著度=该种胸高断面积之和/所有种胸高断面积之和   (12-8)

相对频度=该物种的频度/全部物种频度之和   (12-9)

相对密度=该物种的密度/全部物种密度之和   (12-10)

相对高度=该物种的高度/全部物种高度之和   (12-11)

12.2 实习目的

掌握植物物种生态位的调查方法以及生态位宽度和生态位重叠的计算方法。

12.3 实习工具

罗盘、花杆、皮尺、钢卷尺、计算器、铅笔、记录表等。

12.4 实习过程

(1)选择坡度较缓、坡面较长分布有天然次生林的地段，自坡下到坡上设置面积为 10 m×10 m 的乔木调查样方(如果调查灌木或草本的生态位，可分别设置 3 m×3 m 和 1 m×1 m 的样方)。

(2)在每一样方调查乔木的名称、胸径、树高和冠幅及其数量(灌木与草本调查物种名称、株数、盖度和高度)，同时记录各样地的郁闭度、海拔、坡度、坡向、坡位、土壤状况等生态因子，填入表 12-1(或表 12-2)。

（3）根据调查数据计算各乔木树种(灌木和草本)的生态位宽度及其生态位重叠值。填入表 12-3 或表 12-4。

表 12-1 乔木调查记录表

地点：　　　　群落类型：　　　　地理坐标：　　　坡向：　　　　坡度：　　　坡位：
郁闭度：　　　班级：　　　　　　组别：　　　　　记录人：　　　日期：

样方	物种	株数	胸径(mm)	高度(m)	样方	物种	株数	胸径(mm)	高度(m)
…					…				

表 12-2 灌木和草本调查记录表

地点：　　　　群落类型：　　　　地理坐标：　　　坡向：　　　　坡度：　　　坡位：
郁闭度：　　　班级：　　　　　　组别：　　　　　记录人：　　　日期：

样方	物种	株数	盖度(%)	高度(m)	样方	物种	株数	盖度(%)	高度(m)
…					…				

表 12-3 乔木物种重要值及其生态位宽度

物种	相对密度(%)	相对频度(%)	相对显著度(%)	重要值	生态为宽度		
					Levins	Hurlbert	总宽度 B
…							

表 12-4 灌木和草本物种重要值及其生态位宽度

物种	相对密度(%)	相对高度(%)	相对盖度(%)	重要值	生态为宽度		
					Levins	Hurlbert	总宽度 B
…							

表 12-5　乔灌木物种生态位相似性(对角线上) 与生态位重叠(对角线下)

	物种 1	物种 2	物种 3	物种 4	物种 5	物种 6	物种 7	物种 8	…
物种 1	—								
物种 2		—							
物种 3			—						
物种 4				—					
物种 5					—				
物种 6						—			
物种 7							—		
物种 8								—	
…									—

12.5　实习结果分析

(1)采用式(12-1)~式(12-11)计算各乔木(灌木、草本)物种的生态位宽度、生态位相似比例和生态位重叠值。

(2)比较各物种的生态位宽度。

(3)根据各物种之间的生态位重叠程度,分析物种之间的竞争状况。

12.6　案例

李艳等(2016)应用 Levins 生态位宽度及 Pianka 生态位重叠研究方法,研究了人为干扰下碧峰峡栲树次生林优势种群生态位的组成情况。结果表明:随着人为干扰强度的增加,乔木层中优势种栲树的生态位宽度均为最大,与其他树种生态位重叠值在中度干扰下有所降低,枹栎的生态位宽度会变小,山茶科植物的生态位变宽,同时其生态位重叠值增大;在灌木层中,重度干扰下,菝葜生态位宽度减小,栲树幼苗的生态适应范围也骤减,其他大多数物种在中度干扰下,生态位宽度最低;在草本层中,蕨类植物及皱叶狗尾草在重度干扰下生态位宽度及重叠值均增高,其适应范围变广,种间竞争加剧(李艳等,2016)。

表 12-6　不同强度人为干扰下群落乔木层优势种群生态位宽度和生态位重叠均值

优势物种	生态位宽度			优势物种	生态位重叠均值		
	干扰强度				干扰强度		
	A	B	C		A	B	C
栲树	1.09	1.09	1.07	栲树	0.82	0.90	0.88
枹栎	1.05	1.07	0.85	枹栎	0.79	0.91	0.84
杉木	1.02	1.06	1.05	杉木	0.78	0.89	0.79
新木姜子	0.97	1.02	—	新木姜子	0.74	—	—
总状山矾	0.94	—	—	总状山矾	0.71	0.83	

（续）

优势物种	生态位宽度			优势物种	生态位重叠均值		
	干扰强度				干扰强度		
	A	B	C		A	B	C
五裂槭	0.68	—	—	五裂槭	0.60	—	—
大头茶	—	1.06	0.66	大头茶	0.47	0.86	0.59
木荷	—	0.94	0.91	木荷	—	0.85	0.74
白花泡桐	—	0.69	—	白花泡桐	—	0.78	—
枪木	—	—	1.00	枪木	—	—	0.82
窄叶枪	—	—	0.99	窄叶枪	—	—	0.82

注：引自李艳等，2016。

12.7　思考题

（1）何为物种的生态位？

（2）研究植物物种生态位的意义是什么？

（3）植物物种生态位宽度和生态位重叠的生态意义是什么？

13 森林更新调查

13.1 背景知识

森林天然更新是利用林木自身繁殖和恢复能力，在林地或林迹地上形成新一代幼林的过程，是森林生态系统中资源的再生产(韩有志，2002)，对未来群落结构及其生物多样性具有重要的影响。森林更新受自然环境、林分结构、林下植被、林内光热水条件、土壤、枯落物和干扰等许多因素的影响(朱教君等，2008；李霄峰等，2012；任学敏等；2012；张树梓等，2015)。幼苗和幼树更新是森林更新的重要途径，幼苗和幼树对森林环境条件的适应性决定着森林群落未来的发展趋势，不同环境条件下的森林更新特征一直是学者研究的热点(张会儒等，2014)。森林环境条件的不同必然引起光照、温度和水分等的变化，这些因素进而影响种子萌发以及幼苗存活。

植物种群更新能力主要依赖于种子萌发能力或形成无性分株的能力，以无性繁殖为主的植物，其萌生分株的生长动态和竞争能力，反映种群维持和扩展的能力(李镇清，1999；许建伟等，2010)。实际研究中应重视优势种群的无性和有性繁殖能力的分析。林缘、林窗和林下是森林更新和林木生长的活跃空间，由于微生境的异质性，均对其内幼苗、幼树、种子雨、土壤种子库产生不同程度的影响(刘少冲等，2011；高润梅等，2015；刘兵兵，2019)。分析林缘、林窗和林下幼苗、幼树、种子雨和土壤种子库动态，能够揭示生境条件对植物更新能力的影响以及群落的演替方向，可为植被恢复和森林的科学经营提供科学依据。

13.2 实习目的

认识林分的天然更新过程，掌握林分天然更新的调查方法和分析方法，了解影响林分天然更新的因素。

13.3 实习工具

罗盘、花杆、皮尺、钢卷尺、游标卡尺、计算器、小铲、放大镜、铅笔、记录表等。

13.4 实习过程

在雾灵山的油松人工林中完成林分更新的实习内容。

(1)在油松林中没有明显林隙的地段，每个小组设置 1 个 20 m×30 m 的调查样地，进行每木检尺，调查上层木的胸径、树高、郁闭度、林下灌木和草本层盖度、凋落物厚度等林分因子，以及海拔、坡度、坡向、土壤等生态因子。

(2)在调查样地的 4 个顶点和中间位置，共设置 5 个 5 m×5 m 的样方，在样方内调查高度在 1 m 以下的幼苗的高度、地径和年龄。按高度将幼苗幼树分为 5 级，Ⅰ级：苗高 <10 cm；Ⅱ级：10 cm≤苗高<20 cm；Ⅲ级：20 cm≤苗高<40 cm；Ⅳ级：40 cm≤苗高< 60 cm；Ⅴ级：60 cm≤苗高<80 cm；Ⅵ：80 cm≤苗高<100 cm。按高度级进行分别统计。

苗木的年龄通过主茎上的芽鳞痕以及基部的年轮数进行确定。芽鳞痕为芽鳞脱落后留下的痕迹，常在茎的周围排列成环。

表 13-1 林木更新调查记录表

地点： 群落类型： 坡向： 坡度： 坡位： 土层厚度：
郁闭度： 灌草层盖度： 凋落物层厚度：
班级： 组别： 记录人： 日期：

树种	胸径（cm）	树高（m）
...		

表 13-2 林冠下天然更新调查记录表

树种	苗高（cm）	地径（cm）
...		

（3）在油松林中，选择大（<50 m²）、中（50~100 m²）、小（>100 m²）3 个林窗。首先，调查林窗的大小：调查林窗的长轴和短轴，根据 $S = \pi \times a \times b$ 计算林窗面积（式中，S、a、b 分别为林窗面积、长半轴长度和短半轴长度）。然后在每个林窗中，布设若干 5 m×5 m 的样方。按照与上面相同的方法在样方中进行更新层的调查。

表 13-3 林窗天然更新调查记录表

林下大小	树种	苗高（cm）	地径（cm）
大			
	...		
中			
	...		
小			
	...		

13.5 实习结果分析

(1)分别按高度级统计林冠下及林窗两种环境中的更新幼苗数量,填入表 13-4。

(2)比较林冠下和不同大小林窗中的天然更新状况的差异,从幼苗密度、年龄、高度等方面进行比较。

(3)分析影响林分天然更新的因素。

表 13-4 林分天然更新统计表

环境	样方	I	II	III	IV	V	VI
林冠下	1						
	2						
	…						
	平均值						
大林窗	1						
	2						
	…						
	平均值						
中林窗	1						
	2						
	…						
	平均值						
小林窗	1						
	2						
	…						
	平均值						

13.6 案例

刘兵兵等(2019)以内蒙古大兴安岭南段杨桦次生林为研究对象,按海拔梯度将 6 hm² 大样地分为坡上、坡中及坡下,每个坡位划分为 4 个林窗面积等级,每个等级内选择 3 个不同面积林窗,共调查林窗更新苗样方 180 个,林内对照更新苗样方 180 个。结果表明,林窗具有使原先锋物种蒙古栎更新密度下降的趋势;林窗内蒙古栎均为主要更新物种,从坡下到坡上蒙古栎更新苗密度分别占总更新密度的 61.19%、50.00%、39.86%;林窗中更新苗都以低矮植株(<60 cm)为主,更新苗在不同坡位、不同林窗面积中均表现为随高度级的增加,更新苗数量降低。不同坡位、不同高度级内更新苗数量基本呈现出大林窗多于小林窗的趋势;坡位及林窗面积均对蒙古栎更新苗的基径影响显著($P<0.05$);林窗能够显著促进蒙古栎更新苗粗生长,在林窗面积为 80~100 m² 达到最大;林窗内坡上及坡下蒙古栎更新苗基径均大于林内,坡中没有如此表现。总的来看,林窗能够显著促进林下物种更新与生长,并且具有使原有先锋物种蒙古栎更新密度下降的趋势。

表 13-5　林窗及林内物种更新密度

坡位	树种	面积等级（m²）				
		≤50	50~80	80~100	≥100	CK
坡下	蒙古栎	9333.333	9291.667	5000	13333.33	10556
	山杨	2500	0	0	0	556
	白桦	2500	0	6250	6250	0
	鼠李	4687.5	0	0	0	0
	黑桦	2500	0	0	0	0
	山丁子	2500	0	0	0	0
坡中	蒙古栎	5000	6250	3888.889	3888.889	2500
	山杨	5000	6250	5138.889	5138.889	1500
	白桦	0	0	0	0	1000
坡上	蒙古栎	7083.333	5277.778	6805.556	6805.556	7000
	山杨	3750	3750	8750	8750	1000
	白桦	0	0	5000	5000	0
	蒙椴	0	4583.333	5000	5000	0

注：引自刘兵兵等，2016。

13.7　思考题

（1）何为森林的天然更新？研究森林天然更新的意义是什么？

（2）影响森林天然更新的因素有哪些？

（3）根据调查结果分析林窗更新与林下更新的差异，并解释其原因。

14 森林群落最小面积的测定

14.1 背景知识

群落的最小面积是指在最小地段内，对一个特定群落类型能提供足够的环境空间（环境和生物的特性），或者能保证展现出该群落类型的种类组成和结构的真实特征所需要的面积（王伯荪等，1996）。最小面积的确定具有非常重要的意义。首先，最小面积是确定群落调查样地面积的依据。在进行群落研究时，一般采用样地调查法，这就需要进行取样面积的确定。取样面积过大，调查任务大，需要更多的人力和时间投入，而且，从种—面积关系的角度来看，在取样面积较小时，物种数目随抽样面积的增加而急速增加，随后物种数量增加的速度越来越慢，要想抽到与以前同样数目的"新"（指在前面未抽到过）的物种，就要付出成倍的代价，即抽样面积需要成倍地增加，这是很不经济的，一般情况下也是不必要的（刘灿然等，1998）。而样地面积太小，不能反映群落的物种组成及群落结构的总体特征，因此，这就需要确定一个合适的抽样面积。另外，群落最小面积的大小能够反映群落物种组成及其结构的复杂程度。群落物种组成和群落结构越简单，最小面积越小；反之，最小面积则越大。

常见的确定群落最小面积的方法有种—面积曲线和重要值—面积曲线法两种，前者较为简便，后者所确定的最小面积精度较高，且对复杂森林群落取样和结构研究有良好的实用性（陈泓等，2007）。

种—面积曲线的一般做法是：先设定一个较小的样地面积，调查其中的物种数量，然后按照一定的方式不断扩大样地面积，同时调查样地面积扩大后新出现的物种数量，然后统计得到不同样地面积中出现的总物种数，最后由样地面积及其对应的物种数得到种—面积曲线。

在得到种—面积曲线后，对于如何确定最小面积有不同的方法。

①直接从种—面积曲线图上，根据曲线的走势确定；

②以面积增加10%，物种数量增加不超5%作为确定最小面积的标准；

③以包含群落物种总数的一定比例作为确定最小面积的标准，例如，0.6、0.7、0.8和0.9。

常用的种—面积曲线有多种，分为非饱和曲线和饱和曲线。常用的饱和曲线有以下几种（代力民等，2002）：

$$S = \frac{aA}{(1 + bA)} \tag{14-1}$$

$$S = \frac{c}{(1 + ae^{-bA})} \tag{14-2}$$

$$S = a(1 - e^{bA}) \qquad (14\text{-}3)$$

式中，A 为面积；S 为 A 中出现的物种数；a、b、c 为待估的参数。

对应于上述饱和种—面积曲线，要得到群落总种数一定比例 $P(0<P<1)$ 的物种所需要的最小面积(或临界抽样面积)分别为：

$$A = \frac{P}{b(1 - P)} \qquad (14\text{-}4)$$

$$A = \frac{\ln \dfrac{(1 - P)}{aP}}{b} \qquad (14\text{-}5)$$

$$A = \frac{\ln(1 - P)}{b} \qquad (14\text{-}6)$$

14.2 实习目的

了解群落物种多样性与取样面积的数量关系，学习通过种—面积曲线确定群落最小面积的方法。

14.3 实习工具

测绳、皮尺、钢卷尺、铅笔、记录纸。

14.4 实习过程

每个小组在选定的森林群落中，分草本、灌木和乔木来进行。

(1)在选定的森林群落中进行踏查，选择有代表性的地段，设定起始样方，草本、灌木和乔木的起始样方分别为 $0.25 \ \text{m}^2$、$1 \ \text{m}^2$ 和 $4 \ \text{m}^2$。

(2)调查起始样方中的物种数量，然后按照巢式小区取样法依次扩大取样地面积(图14-1)，并调查每次扩大样地面积后样方中新出现的物种数，填入种—面积曲线调查记录表。

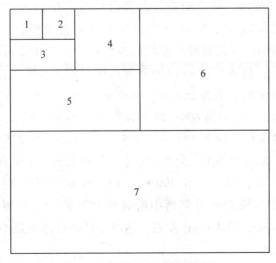

图 14-1 巢式小区取样法示意

（3）在样地扩大的早期，随着样地面积的增加，新出现的物种数量较多，在样地扩大到一定程度时，新出现的物种数趋于下降，直至没有新的物种出现，此时调查即可停止。

表 14-1　种—面积调查记录表

地点：　　　　　群落类型：　　　　　地理坐标：　　　　坡向：　　　　坡度：　　　　坡位：
郁闭度：　　　　班级：　　　　　组别：　　　　记录人：　　　　日期：

取样次数	取样面积（m²）	累计取样面积（m²）	新出现的种数	累计种数
1	1	1		
2	1	2		
3	2	4		
4	4	8		
5	8	16		
6	16	32		

14.5　实习结果分析

（1）对种—面积曲线调查记录表中的数据进行统计，计算样方累计面积和累计物种数。

（2）利用样方累计面积和累计物种数做散点图，采用 SPSS 拟合式（14-1）、式（14-2）、式（14-3）3 种种—面积曲线。

（3）利用式（14-4）、式（14-5）、式（14-6），计算 P 分别取 0.6、0.7、0.8 和 0.9 时，草本、灌木和乔木的最小面积。

14.6　案例

代力民等（2002）利用两饱和曲线，研究了长白山原始阔叶红松林河岸带植物群落和远离河岸带的森林群落的最小面积和物种丰富度。研究结果表明，在河岸带，包括群落 60%（即 P 为 0.6）的乔木、灌木、草本植物种及群落中所有植物种的平均临界面积分别为 64 m²、111 m²、81 m² 和 85 m²，即 80 m² 左右；包括群落 80%（即 P 为 0.8）的乔木、灌木、草本植物种及群落中所有植物种的平均临界面积分别为 152 m²、225 m²、178 m² 和 184 m²，即 180 m² 左右；包括群落 90%（即 P 为 0.9）的乔木、灌木、草本植物种及群落中所有植物种的平均临界面积分别为 267 m²、404 m²、315 m² 和 325 m²，即 320 m² 左右。远离河岸带的森林群落，包括群落 60%（即 P 为 0.6）的乔木、灌木、草本植物种及群落中所有植物种的平均临界面积分别为 197 m²、205 m²、367 m² 和 275 m²，即 260 m² 左右；包括群落 80%（即 P 为 0.8）的乔木、灌木、草本植物种及群落中所有植物种的平均临界面积分别为 280 m²、292 m²、522 m² 和 390 m²，即 380 m² 左右；包括群落 90%（即 P 为 0.9）的乔木、灌木、草本植物种及群落中所有植物种的平均临界面积分别为 368 m²、386 m²、689 m² 和 514 m²，即 480 m² 左右。河岸带植物群落的最小面积均小于远离河岸带的森林群落的最小面积。

14.7　思考题

（1）何为森林群落的最小面积？

（2）研究森林群落最小面积的目的是什么？

（3）如何确定森林群落的最小面积？

15 森林垂直投影图及水平投影图的绘制

15.1 背景知识

森林群落具有明显的结构特征，一般分为非空间结构和空间结构。非空间结构包括物种组成、径级结构、年龄结构等；空间结构一般是指垂直结构和水平结构。森林群落的垂直结构主要表现为成层性。发育良好的森林群落具有明显的成层性。从上到下，可分为4个明显的层次。①乔木层：具有较明显的多年生木质树干，高度在3 m以上；②灌木层：也称为下木层，高度在3 m以下，没有明显主干；③草本层：由草本植物形成的植被层，不具有多年生的地上茎；④苔藓地衣层：由苔藓、地衣等非维管植物构成。其中，草本层和苔藓层也称为活地被物层。另外，有些植物并不单独形成一个层次，而是附着在其他植物体上，如附生植物、寄生植物和攀缘植物，称为层外植物。另外，年龄较小，尚未进入乔木层的幼苗或幼树，常处于灌木层，甚至是草本层中，这个由幼龄乔木形成的层次统称为更新层。森林群落的层次结构称为林相。

森林群落垂直方向上的层次分化具有重要的生态意义。首先，森林群落层次的分化提高了森林植物对环境资源的利用程度。例如，森林群落的各个层次占据了地上的处于不同高度的各层空间，而且可层层拦截和利用透过林冠层的太阳辐射，提高了对地上空间及太阳辐射能的利用程度。其次，层次的分化减弱了森林植物之间的竞争。各层植物主要利用其所处的空间及该空间所具有的环境资源，层与层之间的竞争相对弱化，有利于维持森林群落结构的稳定。

在森林群落的4个典型层次中，根据其复杂程度，还可分为主要层次和次要层次，如乔木层可分为主林冠层和次林冠层。只有一个乔木层的森林群落称为单层林，具有两个或两个以上乔木层的森林群落称为复层林。天然起源的森林群落一般为复层林，而人工起源的森林群落多为单层林。除天然林可分为主林层和次林层外，人工林也常常根据乔木层林木的分化将其分为不同的树冠级，最常用的是克拉夫特林木分级法（表15-1）。树冠级的分级结果常用于林分疏伐时采伐木和保留木的确定。

森林群落的水平结构是指不同层片或树木在水平空间上的分布。当以层片为着眼点分析森林群落的水平结构式，其表现为一种镶嵌体，即不同层片在水平空间上的交错分布。另外，有时需要了解森林中林木在水平空间的分布情况，以便对森林结构调整提供决策依据。

通过绘制森林的垂直投影图和水平投影图可以直观地展示森林的水平结构和垂直结构，并对森林结构特征进行有效的分析。

表 15-1 克拉夫特林木分级

级　别	特　征
优势木	树冠处于林冠上部。可获得充足的上方光，但也有部分侧方光。有些优势木会因为局域粗大侧枝和广阔的树冠而成为老狼木
亚优势木	与优势木一起同构成主林冠层，其高度不如优势木，但生活力与优势木相当
中等木	为主林冠层的组成部分，但处于从属地位，侧方受到其他树木对光合空间的竞争，树冠较窄，主要利用由优势木或亚优势木树冠中透过的光线
被压木	处于主林层之下，接受的上方直射光较少，主要利用光斑或散射光。生长势弱，且生长缓慢
枯死木	干枯死亡

15. 2 实习目的

掌握森林垂直投影图和水平投影图的绘制方法，学习利用垂直投影图和水平投影图对森林的结构进行分析。

15. 3 实习工具

测绳、皮尺、钢卷尺、铅笔、测高器、方格纸。

15. 4 实习过程

每个小组选择两种不同的森林类型分别绘制其垂直投影图和水平投影图。

15. 4. 1 垂直投影图的绘制方法

（1）每个组用罗盘在选定的林分中设置 20 m×30 m 的标准地，并用测绳圈出标准地的边界。

（2）以标准地的一个顶点为原点，相邻的两条边为坐标轴，构建一个坐标系，标准地中的每一株树即为坐标系中的一个点。

（3）对标准地中的每一株树进行编号，并对每一株树进行调查，调查内容包括胸径、树高、坐标（距离相邻两条边的距离）、4 个方向上的冠幅（见第 2 章）。测定 4 个方向的冠幅时，保证 4 个方向分别与相邻的两条边平行。调查的数据记录在表 15-2 中。

表 15-2 绘制垂直投影图林木调查记录表

地点：　　　　　群落类型：　　　　地理坐标：　　　坡向：　　　　坡度：　　　　坡位：
郁闭度：　　　　班级：　　　　　　组别：　　　　　记录人：　　　日期：

编号	树种	胸径	树高	X坐标	Y坐标	冠幅(m)			
						X	$-X$	Y	$-Y$
1	蒙古栎								
2	蒙古栎								
3	白桦								
...	...								

（4）在方格纸上按照合适的比例画出样地边界，然后根据每株数的坐标在方格纸上标出每棵树的位置，树木在方格纸上用黑点表示。然后，按照比例尺将每株树在 4 个方向上的冠幅标在方格纸上，冠幅远端在方格纸上用点进行标记。标记完后，用平滑的曲线将表示 4 个方向冠幅的点连接起来，完成树冠投影轮廓的勾画。当两株树木的投影重叠时，处于较低位置的林木的投影和其他树木投影的重叠部分用虚线表示。按照此方法，将标准地内所有林木的树冠投影全部画出（图 15-1）。

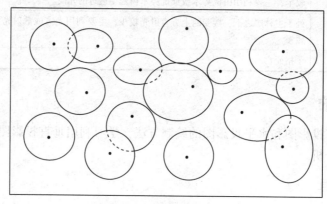

图 15-1　林分垂直投影示意

（5）查数样地内树冠投影所覆盖的方格数，得到林冠垂直投影所覆盖的土地面积，计算林分的郁闭度。

15.4.2　水平投影图的绘制方法

（1）在标准地的一端选择一条 5 m 宽的带，绘制带内的树木的水平投影图。

（2）对标准地内的树木进行编号，并对每株树木进行调查，调查内容包括胸径、树高、枝下高、左右两个方向的冠幅、到左侧短边的距离（X 坐标）。

表 15-3　绘制水平投影图林木调查记录表

编号	树种	胸径	树高	枝下高	X 坐标	冠幅	
						X	$-X$
1	蒙古栎						
2	蒙古栎						
3	白桦						
…	…						

（3）在方格纸上划一横线（在坡地横线应与方格纸底边成一定角度）然后按一定的比例尺划出每株树木的基部位置、高度、树冠长度，对照树冠形状，划出树冠形状和主干。水平投影的主要意义在于标明林冠层中各树种和各林木之间的相互关系，因此，应特别注意各林木在林冠层中的相对位置（图 15-2）。

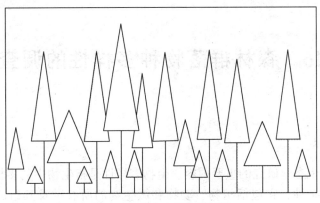

图 15-2　林分水平投影示意

15.5　实习结果分析

（1）根据林分的水平投影示意对林分的垂直结构进行分析，包括林冠层的数量，以及主林层、次林层的主要组成树种及其生长状态等，对林分的垂直结构做出评价。

（2）根据林分的垂直投影示意对林内林木的空间分布状况、林分郁闭度、林隙的大小和数量等空间结构特征进行分析和评价。

15.6　思考题

（1）森林群落的垂直结构有何特征？

（2）绘制森林垂直投影图和水平投影图的意义是什么？

（3）根据绘制的两种林分的垂直投影图和水平投影图分析两种林分的结构特征有何差异？

16 森林群落物种多样性的调查

16.1 背景知识

生物多样性是生态学研究的重要内容。生物多样性是指生物中的多样化和变异性以及物种生境的生态复杂性，它包括植物、动物和微生物的所有种及其组成的群落和生态系统。一般将生物多样性划分为三个层次，分别是遗传多样性、物种多样性、生态系统多样性和景观多样性。遗传多样性种内个体之间或一个群体内不同个体的遗传变异总和；物种多样性是指以种为单位的生命有机体的复杂多样化；生态系统多样性是指生态系统、生物群落和生态学过程的多样化；景观多样性则是指由不同类型景观要素或生态系统构成的空间结构、功能机制和时间动态方面的多样性或变异性。

森林群落的物种多样性是指森林群落中物种数量的多少以及个体数量在不同物种中分布的均匀程度。一般从三个方面比较描述群落的物种多样性。

丰富度：指一个群落或生境中物种数目的多少。

均匀度：指一个群落或生境中全部物种个体数目的分配状况。

多样性：多样性是均匀度与丰富度的综合。

一般用多样性指数来表示物种多样性的高低。评价群落物种多样性高低的多样性指数称为 α 多样性指数。常用的 α 多样性指数有物种丰富度指数、Simpson 指数、Shannon-Weiner 指数和均匀度指数。

丰富度指数多采用 Margalef 丰富度指数 D_M：

$$D_M = \frac{S-1}{\ln N} \tag{16-1}$$

Simpson 多样性指数 D_s：

$$D_s = 1 - \sum P_i^2 \tag{16-2}$$

Shannon 多样性指数 H'：

$$H' = \sum P_i \ln P_i \tag{16-3}$$

Pielou 均匀度指数 J：

$$J = \frac{H'}{\ln S} \tag{16-4}$$

式中，S 为样方中的物种数；N 为所有物种个体总数；P_i 为第 i 个物种的个体数占样方总个体数的比例。

16.2 实习目的

掌握森林群落物种多样性的调查方法——样方法，以及常用物种多样性指数的计算方法。

16.3　实习工具

测绳、皮尺、钢卷尺、记录表。

16.4　实习过程

在落叶阔叶林、油松林中分别设置乔木、灌木和草本的调查样地，分别进行乔木、灌木和草本植物物种多样性的调查。

在每一种林分中，设置3块20 m×30 m的乔木调查样地，在样地中调查每株树的种类、树高和冠幅。

采用机械布点的方法(图16-1)，在两种林分类型每个20 m×30 m的样地中各设5块3 m×3 m的灌木调查样方和5块1 m×1 m的草本植物调查样方，在每一样方中调查每种灌木和草本植物的种类、盖度和高度。

同时，调查每一林分的坡度、坡向、土层厚度林分郁闭度等生态因子。

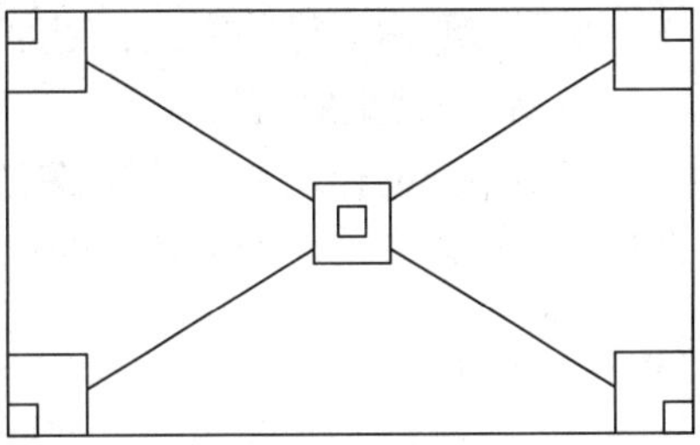

图16-1　灌木和草本植物调查样方布设示意

表16-1　乔木物种多样性调查记录表

地点：　　　　群落类型：　　　　地理坐标：　　　　坡向：　　　　坡度：　　　　坡位：
郁闭度：　　　　班级：　　　　组别：　　　　记录人：　　　　日期：

物种	株树	胸径(cm)	树高(m)	冠幅(m)

表16-2　灌木及草本物种多样性调查记录表

样方	物种	株(丛)数	盖度(%)	高度(m)
1				
2				

16.5　实习结果分析

（1）乔木层物种多样性指数的计算

根据调查样地数据乔木层的物种丰富度指数、Simpson 指数、Shannon-Weiner 指数和均匀度指数，并对两种林分类型的物种多样性进行比较。

（2）灌木物种多样性的计算

将各个样方的数据整合在一起，即不同样方中同一物种的数量相加，得到 20 个样方中各个物种的总数量，以此来计算各个物种多样性指数。

（3）草本植物物种多样性的计算

采用与灌木一样的方法，对草本植物的数据进行整合，计算草本植物的物种多样性。

（4）各物种重要值的计算

根据调查的样地数据计算各物种的重要值，根据重要值分别对乔木、灌木和草本植物进行排序，排在前面的为各层的优势种。

16.6　案例

杨晓艳等（2018）研究了吕梁山森林群落草本层植物物种多样性随海拔、纬度变化规律。作者选择吕梁山系北段的管涔山和南段的五鹿山为研究区，在每个山地的不同海拔梯度（高、中、低）分别设置调查样地在植被生长季对植物多度、频度、盖度、高度进行调查，采用 Simpson 指数、Shannon 指数、Pielou 指数等物种多样性指数来表示物种多样性的变化。结果表明，Simpson 指数、Pielou 指数、Shannon 指数均随海拔高度的增加呈现出先降低后上升的趋势，即在中海拔各个多样性指数最低；同时，3 个多样性指数则随纬度的增加呈现逐渐增加的趋势，而随温度的升高呈二次多项式函数变化，即随温度上升，Simpson 指数、Pielou 指数、Shannon 指数均呈先下降后上升的变化，整体呈下降趋势，其中 Simpson 指数、Shannon 指数的最低值出现在 30 ℃左右，Pielou 指数的最低值出现在 25 ℃左右。

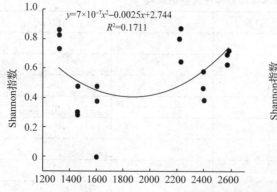
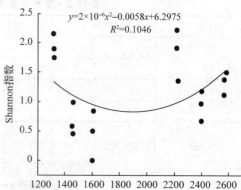

图 16-2　植被各物种多样性指数随海拔梯度的变化趋势

（引自杨晓艳等，2018）

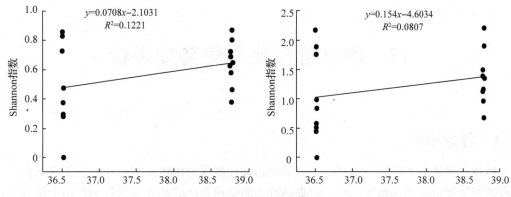

图 16-3 植被各物种多样性指数随纬度梯度的变化趋势

（引自杨晓艳等，2018）

16.7 思考题

(1) 森林群落的物种多样性包括哪些内容？

(2) 如何定量评价森林群落物种多样性的大小？

(3) 常用的 α 多样性指数的生态学意义是什么？

(4) 比较油松人工林与落叶阔叶松物种多样性的差异？

17　森林群落物种优势度评价

17.1　背景知识

植物群落是由不同物种构成的，但不同物种在群落的作用是不一样的。在森林群落中能有效控制能量流动和物质循环，对森林群落的结构和环境具有明显控制作用的树种，称为优势种。优势度表示物种在群落中的地位和作用，优势度大的种就是群落中的优势种。对群落中不同物种的优势度进行评价，确定优势种，是植物群落研究的重要内容，也是认识和区分不同群落类型的重要途径。常用的物种优势度评价指标有重要值和综合优势比。

木本植物物种的重要值一般采用以下公式进行计算：

$$重要值=相对密度+相对频度+相对显著度 \tag{17-1}$$

灌木和草本植物的重要值则采用以下公式进行计算：

$$重要值=相对密度+相对频度+相对盖度 \tag{17-2}$$

相对重要值=某一物种的重要值/所有物种重要值之和

其中，

$$相对密度=某一物种密度/所有物种密度之和 \tag{17-3}$$

$$相对频度=某一物种频度/所有物种频度之和 \tag{17-4}$$

$$相对盖度=某一物种盖度/所有物种盖度之和 \tag{17-5}$$

$$相对显著度=某一物种基盖度/所有物种基盖度之和 \tag{17-6}$$

综合优势比一般用 SDR 表示，根据采用的因素数量将综合优势比分为 2 因素、3 因素、4 因素和 5 因素 4 类，常用的是 2 因素的综合优势比，即从密度比、盖度比、频度比、高度比和重量比这 5 项指标中任意选取两项指标来进行计算综合优势比。2 因素综合优势比的计算公式为：

$$SDR(\%)=[(密度比+盖度比)/2]\times100 \tag{17-7}$$

某一物种的密度比为该物种的密度与密度最大物种的密度之比，某一物种的盖度比则为该物种的盖度与盖度最大物种的盖度之比，同样的方法可以计算频度比、高度比和重量比。

17.2　实习目的

掌握森林群落组成物种的重要值、综合优势比的计算方法，对各物种的优势度进行评价。

17.3　实习工具

罗盘仪、测高器、地质罗盘、测绳、皮尺、钢卷尺、记录表。

17.4 实习过程

将该实习与第 16 章的实习结合起来，利用第 16 章的调查数据统计(表 16-2)计算灌木和草本植物的重要值和综合优势比。

17.5 实习结果分析

(1)将各个样方的数据整合在一起，即不同样方中同一物种的数量相加，得到各个物种的株(丛)数、盖度和频度，填入表 17-1。

(2)按以下公式计算灌木和草本各物种的重要值。

$$重要值=相对密度+相对频度+相对盖度 \tag{17-8}$$

(3)按以下公式计算各物种的综合优势比(表 17-2)。

$$SDR(\%)=[(密度比+盖度比+频度比)/3]\times 100 \tag{17-9}$$

(4)分别按照重要值和综合优势比从高到低的顺序对各物种进行排序，确定群落灌木层和草本层的优势种。

表 17-1　各物种重要值统计

物种	株(丛)数	盖度	频度	相对密度	相对盖度	相对频度	重要值

表 17-2　各物种综合优势比统计

物种	株(丛)数	盖度	频度	密度比	盖度比	频度比	综合优势比

17.6 案例

许中旗等(2008)就禁牧时间对典型草原物种多样性的影响进行了研究，并通过计算不同物种的重要值对不同禁牧时间草场优势种进行了比较(表 17-3)。研究发现，自由放牧草场及不同时间禁牧草场的主要优势种组成没有明显差别，4 类草场相对重要值最高的 5 种牧草中只出现了 6 个物种，它们分别是克氏针茅(*Stipa krylovii.*)、羊草(*Leymus chinensis*)、知母(*Anemarrhena asphodeloides*)、糙隐子草(*Cleistogenes squanosa*)、矮葱(*Allium anisopodium*)、猪毛菜(*Salsola collina*)。在自由放牧草场、禁牧 2 年草场和禁牧 7 年草场中，克氏针茅和羊草占有绝对优势，二者的相对重要值之和都超过或接近 50%，其中，又以克氏针茅的优势更大一些。在自由放牧草场和禁牧 2 年草场中，猪毛菜都占有一定优势，这标志着这两种草场正在发生退化。与自由放牧草场、禁牧 2 年草场和禁牧 7 年草场不同，禁牧 17 年草场中，羊草和克氏针茅的优势更为突出，其相对重要值之和达到 69%，同时，羊草的优势超过克氏针茅。结果表明禁牧并未使典型草原的主要物种组成发生明显的改变，但使物种的相对重要性发生了明显变化，优势种的优势更加明显。

表 17-3 不同草场主要优势种及其重要值

排序	自由放牧		禁牧 2 年		禁牧 7 年		禁牧 17 年	
	物种	*RIV*	物种	*RIV*	物种	*RIV*	物种	*RIV*
1	克氏针茅	32	克氏针茅	26	克氏针茅	32	羊草	45
2	羊草	20	羊草	23	羊草	19	克氏针茅	24
3	知母	16	糙隐子草	15	知母	10	矮葱	7
4	糙隐子草	9	矮葱	10	糙隐子草	10	糙隐子草	5
5	猪毛菜	7	猪毛菜	9	矮葱	7	知母	3
合计		84		83		78		84

注：*RIV*(relative important value)为相对重要值。

17.7 思考题

(1)如何评价一个物种在森林群落中的优势度?
(2)常用的评价物种优势度的指标有哪些? 如何计算?
(3)本次实习调查的落叶阔叶林中灌木层和草本层的优势种有哪些?

18　森林群落的无样地调查

18.1　背景知识

　　森林群落特征的调查除了常用的样地调查法之外，有时也采用无样地调查法。样地调查法具有准确度高的优点，但也存在工作量大、费时费力，在地形起伏较大地段难以操作的缺点。无样地调查法操作简单，尤其是在地形变化大、布设样地比较困难的地段具有较好的适用性（吴志芬等，1995）。无样地调查法有最近个体法、最近邻体法、随机配对法和点四分法4种方法，以点四分法较为常用，该方法具有省时、省力、易操作的优点。其基本原理是，在需要调查的植物群落中，按照一定的方法布设一定数量的样点，然后调查样点周围的植物物种及其距离样点的距离，数量多的物种出现在样点周围的几率会比较大，同时距离样点的距离会比较小，而数量少的物种则相反。通过大量样点的调查数据分析就可以对群落的物种组成、各物种个体数量、频度、优势度等群落特征进行评价。

18.2　实习目的

　　掌握森林群落的无样地调查方法——点四分法，以及基于点四分法数据的森林群落数量特征的计算方法。

18.3　实习工具

　　测绳、皮尺、钢卷尺、铅笔、测高器。

18.4　实习过程

　　各个小组在调查的林分中各布设一条样线，采用点四分法进行群落特征的调查。

　　（1）在所要调查的森林群落中，由下往上拉一条测绳作为调查样线，样线长度依地形及所要调查的森林群落的大小而定，必要时，可平行设置多条样线。

　　（2）沿样线采用机械布点的方法，确定调查样点。样点之间的距离以不使相邻样点所测树木发生重叠为原则。

　　（3）在每一样点沿与样线垂直方向拉一个皮尺，把样点周围的面积分成四个象限。

　　（4）在每个象限内选定距离样点最近的一株（如为萌生则测一丛）树木，测量其从干基中心到样点的距离、胸径，并记录树种名称（如为萌生，则记载萌生树干的个体数），

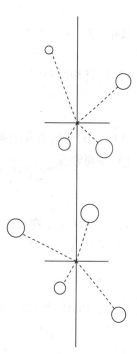

图 18-1　点四分法示意

将调查结果记入表 18-1。

（5）按照以上调查方法，调查至少 30 个样点。

表 18-1　点—四分法调查记录表

地点：　　　　　群落类型：　　　　地理坐标：　　　　坡向：　　　　坡度：　　　　坡位：

郁闭度：　　　　班级：　　　　　　组别：　　　　　　记录人：　　　　日期：

样点	象限	树种	点与树间距离（m）	胸径（cm）	树冠平均直径（m）
1	1				
	2				
	3				
	4				
2	1				
	2				
	3				
	4				

18.5　实习结果分析

根据调查数据计算以下各项指标，并填入表 18-2。

（1）点到树木的平均距离

$$D_a = \frac{\sum_i^n d_i}{n} \tag{18-1}$$

式中，D_a 为点到树木距离的平均值，m；d_i 为第 i 株树到原点的距离，m；n 为树木株数。

（2）所有种的密度

$$D_t = \frac{10000}{D_a^2} \tag{18-2}$$

式中，D_t 为所有种的密度，株/hm²；D_a 为点到树木距离的平均值，m。

（3）相对密度

$$RD_i = \frac{n_i}{N} \tag{18-3}$$

式中，RD_i 为 i 物种的相对密度；n_i 为物种的个体数；N 为所有物种的个体数。

（4）优势度

$$DOM_i = D_t \cdot RD_i \cdot \frac{S_i}{n_i} \tag{18-4}$$

式中，DOM_i 为 i 物种的优势度；S_i 为物种的树冠面积的总和；D_t，RD_i 意义同前。

（5）相对优势度

$$RDOM_i = \frac{DOM_i}{\sum\limits_i^n DOM_i}$$ （18-5）

式中，$RDOM_i$ 为 i 物种的相对优势度；DOM_i 为 i 物种的优势度；n 为物种数量。

（6）频度

$$FQ_i = \frac{Q_i}{Q}$$ （18-6）

式中，FQ_i 为物种 i 的频度；Q_i 为物种 i 出现的点数；Q 为总点数。

（6）相对频度

$$RFQ_i = \frac{FQ_i}{\sum\limits_i^n FQ_i}$$ （18-7）

式中，RFQ_i 为物种 i 的相对频度；FQ_i 为物种 i 的频度。

（7）重要值

$$重要值＝相对密度＋相对频度＋相对优势度$$ （18-8）

表 18-2　物种重要值统计表

种名	密度（株/hm²）	相对密度（%）	优势度（m²）	相对优势度（%）	频度（%）	相对频度（%）	重要值

18.6　案例

吴志芬等（1995）采用中心点四分法对昆箭山、长清小娄峪、青州印天寺三地的典型落叶阔叶杂木林的群落特征进行了研究，并与样方法的研究结果进行了对比（表 18-3）。共布设 15 个样点，样点的间距为 10 m。研究结果表明，两种方法所观测到的总种数基本一致，共有种占样方法所测树种的 80% 以上，两种方法所测树种密度亦很接近，这说明，中心点四分法与样方法所测结果十分相似，具有较高的精确度和可靠性，而且操作方便、省时省力，可在落叶阔叶林中应用。

表 18-3　不同方法测定的物种重要值比较

物种	样方法					中心点四分法				
	RA	RF	RD	IV	序号	RA	RF	RD	IV	序号
鹅耳枥	28.57	23.33	45.35	97.25	1	37.5	53.76	27.58	118.84	1
长裂葛萝槭	2.38	3.33	0.87	6.58	11	2.5	1.83	3.45	7.78	9

（续）

物种	样方法					中心点四分法				
	RA	RF	RD	IV	序号	RA	RF	RD	IV	序号
苦木	4.76	3.33	1.36	9.45	7	2.5	0.78	3.45	6.73	11
小叶朴	2.33	3.33	1.69	7.40	9	2.5	0.95	3.45	6	10
栾树	7.14	6.67	5.98	19.79	5	7.5	4.58	6.9	19.08	6
槲树	4.76	6.67	15.92	30.05	3	5	13.02	6.90	24.92	3
盐肤木	9，52	6.67	2.84	19.03	6	10	3.53	6.90	20.43	5
白蜡	2.38	3.33	0.72	6.43	12	2.5	0.48	3.45	6.43	12
山槐	4.76	3.33	2.28	9.37	8	2.5	2.01	3.45	7.96	8
栓皮栎	2.38	3.33	1.11	6.82	10	2.5	2.89	3.45	8.84	7
刺楸	11.90	16.67	8.56	37.12	2	12.5	8.50	17.24	38.24	2
漆树	9.52	13.33	4.24	26.23	4	10	6.99	6.99	23.89	4
合计	90.45	93.32	90.29	274.52		97.5	99.42	93.12	289.54	

注：引自吴志芬等，1995。

18.7　思考题

（1）比较无样地调查法和样地调查法的差异。

（2）基于无样地调查数据及分析结果对森林群落特征进行描述和分析。

19 森林群落 β 多样性的计算

19.1 背景知识

森林群落的生物多样性研究具有不同的方法和尺度。通常多样性测度包括 α 多样性、β 多样性和 γ 多样性 3 个尺度(李俊清,2006)。α 多样性又称为群落内的物种多样性,是指一个具体的生物群落内的物种数量及其相对多度,一般用来比较不同生物群落物种多样性的高低。β 多样性是群落间的多样性,是指物种组成随环境梯度改变而发生变化的程度,也可以定义为沿着环境梯度的变化物种替代的程度,也被称为物种周转速率、物种替代速率和生物变化速率(马克平等,1995)。不同群落或某环境梯度上不同点之间的共有种越少,β 多样性越大。而 γ 多样性是指更大地理尺度上的多样性,是指一个地区或许多地区跨越一系列群落的物种多样性,实际为前二者的综合。

精确测度 β 多样性具有重要意义。它可以反映生境变化的程度,或者指示生境被物种分割的程度;同时 β 多样性还可以用来比较不同地段的生境多样性。常用的 β 多样性指数有以下几种(马克平等,1995)。

(1)Whittaker 指数

$$\beta_w = \frac{S}{m_a - 1} \tag{19-1}$$

式中,S 为研究群落中的物种总数;m_a 为样方的平均物种数。

(2)Cody 指数

$$\beta_c = \frac{1}{2}g(H) + I(H) \tag{19-2}$$

式中,$g(H)$ 为沿生境梯度 H 增加的物种数目;$I(H)$ 为沿生境梯度 H 减少的物种数目。

(3)Wilson 和 Shmida 指数

$$\beta_T = \frac{1}{2}\left[\, g(H) + I(H)\,\right] / a \tag{19-3}$$

式中,$g(H)$ 为沿生境梯度 H 增加的物种数目;$I(H)$ 为沿生境梯度 H 减少的物种数目;a 为两个群落的平均物种数。

(4)Jaccard 指数

$$C_j = \frac{j}{a+b-j} \tag{19-4}$$

式中,j 为两个群落或样地共有物种数;a 和 b 分别为样地 A 和样地 B 的物种数。

(5)Sorenson 指数

$$C_s = \frac{2j}{a+b} \tag{19-5}$$

式中各变量含义同式(19-4)中。

(6)Bray-Curtis 指数

$$C_N = \frac{2jN}{N_a + N_b}$$

(19-6)

式中，N_a 为样地 A 的各物种所有个体数目和；N_b 为样地 B 的物种所有个体数目和；jN 为样地 A 和 B 共有种中个体数目较小者之和，即 $jN = \sum \min(jN_a, jN_b)$。

其中，Whittaker 指数、Cody 指数、Wilson 和 Shmida 指数、Jaccard 指数和 Sorenson 指数是基于二元数据进行计算的 β 指数；Bray-Curtis 指数是基于数量数据计算的 β 指数。二元数据是指计算时只统计物种的种数，而不需要统计每一物种的数目。数量数据既统计物种的数目，也需要统计每一物种的数目。

假设有 A、B 两个群落，其物种及其个体数量见表 19-1。该例中，两个群落各出现 5 个物种，其中 3 个为两个群落共有种，共有 7 个物种。各指标计算过程如下。

表 19-1　物种 β 多样性计算统计表

物种	群落 A	群落 B
a	10	
b	7	5
c		12
d	8	4
e	3	
f		2
g	3	7
合计	31	30

(1)Whittaker 指数：$\beta_w = S/(ma-1) = 7/(5-1) = 1.75$

(2)Cody 指数：$\beta_c = [g(H) + I(H)]/2 = [2+2]/2 = 2$

(3)Wilson 和 Shmida 指数：$\beta_T = [g(H) + I(H)]/2a = [2+2]/2 \times 5 = 0.4$

(4)Jaccard 指数：$C_j = j/(a+b-j) = 7/(5+5-7) = 2.33$

(5)Sorenson 指数：$C_s = 2j/(a+b) = 2 \times 7/(5+5) = 1.4$

(6)Bray-Curtis 指数：$C_N = 2jN/(N_a + N_b) = 2(5+4+3)/(31+30) = 0.39$

19.2　实习目的

通过实习，使学生深入理解 β 多样性的概念，掌握常见 β 多样性指数的计算方法。

19.3　实习工具

测绳、皮尺、钢卷尺、记录表。

19.4　实习过程

在雾灵山选择沿海拔梯度分布的油松林、蒙古栎林和华北落叶松林 3 种森林群落类型作为实习调查对象。

在每一种群落类型中分别设置 1 个 20 m×20 m 的乔木样方，3 个 3 m×3 m 的灌木样方和 5 个 1 m×1 m 的草本调查样方。分别调查两种群落中出现的乔木、灌木和草本的物种及其数量。填入 β 多样性调查记录表。

表 19-2 β 多样性调查记录表

地点：　　　　群落类型：　　　　地理坐标：　　　坡向：　　　　坡度：　　　　坡位：

郁闭度：　　　　班级：　　　　　组别：　　　　记录人：　　　　日期：

群落类型	生活型	物种	株（丛）数
蒙古栎林	乔木	物种 1	
		物种 2	
		…	
	灌木	物种 1	
		物种 2	
		…	
	草本	物种 1	
		物种 2	
		…	
油松林	乔木	物种 1	
		物种 2	
		…	
	灌木	物种 1	
		物种 2	
		…	
	草本	物种 1	
		物种 2	
		…	
华北落叶松林	乔木	物种 1	
		物种 2	
		…	
	灌木	物种 1	
		物种 2	
		…	
	草本	物种 1	
		物种 2	
		…	

19.5 实习结果分析

根据调查数据分别计算 3 种群落类型两两之间的不同 β 多样性指标，填入表 19-3 至表 19-5。通过 β 多样性指标分析各个群落之间物种组成的差异。

表 19-3　油松林与蒙古栎林之间的 β 多样性

群落类型	生活型	油松林					
		β_w	β_c	β_T	C_j	C_s	C_N
蒙古栎林	乔木						
	灌木						
	草本						

表 19-4　油松林与落叶松林之间的 β 多样性

群落类型	生活型	油松林					
		β_w	β_c	β_T	C_j	C_s	C_N
落叶松林	乔木						
	灌木						
	草本						

表 19-5　蒙古栎林与落叶松林之间的 β 多样性

群落类型	生活型	蒙古栎林					
落叶松林	乔木	β_w	β_c	β_T	C_j	C_s	C_N
	灌木						
	草本						

19.6　案例

林国俊等（2010）等以鼎湖山一条 10 m×1160 m 植被样带数据为基础，从不同尺度单元研究了鼎湖山森林群落 β 多样性。

该研究以 30 m 海拔差将样带的 232 小样方分为 14 组，在每组内随机抽取小样方，分别组成乔木层 10 m×10 m、10 m×20 m、10 m×40 m，灌草层 2 m×10 m、2 m×20 m、2 m×40 m 各 3 个尺度水平，分别统计计算了 β 多样性指数，研究了 β 多样性随尺度的变化，以及乔木层与灌草层 β 多样性变化的关系，并对不同属性数据 β 多样性测度结果进行了比较。其计算的 β 多样性指数包括 Whittaker 指数、Cody 指数、Jaccard 指数、Sorenson 指数和 Bray-Curtis 指数。该研究发现，β 多样性依赖于尺度，对于南亚热带森林群落要得到比较稳定可靠的 β 多样性测度数据，乔木层取样尺度应该在 10 m×20 m 附近，而灌草层应该在 2 m×20 m 或相应面积以上；数量数据 β 多样性测度总体上优于二元属性数据测度，对于数量属性数据测度应给予更多的关注，而 Cody 指数则能指示群落交错区；鼎湖山样带 β 多样性随海拔呈现不规律变化的格局。

19.7　思考题

（1）比较 α 多样性、β 多样性和 γ 多样性的差异。

（2）常用的分析 β 多样性的数量指标有哪些？比较其生态学意义的差异。

（3）比较油松林、蒙古栎林和华北落叶松林 3 种林分类型之间的 β 多样性的差异。

20 森林群落种间关联分析

20.1 背景知识

森林群落是由不同森林植物物种构成的综合体，物种之间的相互关系决定了森林群落的结构和发展动态，因此，物种之间关系的研究是生态学研究的重要领域。种间关联是指森林群落中不同物种在空间上的相互关联性。在森林群落中，有些物种因为对生态因子有相似的需求，或者存在共生关系，经常分布在一起，而有些种类则由于存在竞争、他感作用或对生态因子的生态学需求差别很大而很少生长在一起。如果两个物种共同出现的次数高于期望值，称为正关联；而如果两个物种共同出现的次数低于期望值，则称为负关联；物种共同出现的次数也可能未表现出任何明显的趋势，则称为无关联(朱志红等，2014)。种间关联分析有助于森林群落中物种之间相互关系的认识。

种间关联分析的主要思路是，在森林群落中设置一定数量的调查样方，然后调查每两个种共同出现的样方数和只有其中一个物种出现的样方数，根据以上数据计算 x^2 检验统计量，最后根据其大小判断种间关联情况。

需要注意的是，样方大小对关联分析结果具有明显影响。样方面积小于种间关系作用范围，则会导致两个物种不能出现在一个样方内；如果面积过大，则会超过种间关系作用的范围，导致原本不相关的物种出现在同一样方中。以上结果都会导致种间关联的判断错误。一般乔木种间关联的调查以 10 m×10 m 为宜，灌木以 2 m×2 m 为宜，草本以 1 m×1 m 为宜。

20.2 实习目的

理解森林群落种间关联的生态学含义，掌握森林群落种间关联的常用分析方法。

20.3 实习工具

测绳、皮尺、钢卷尺、计算器、记录表。

20.4 实习过程

(1)在雾灵山的蒙古栎天然次生林中，每个调查小组设置 50 个 10 m×10 m 的调查样方。

(2)调查每个样方中出现的乔木物种及其数量，填入表 20-1。

表 20-1 种间关联调查记录表

地点：　　　　　群落类型：　　　　地理坐标：　　　　坡向：　　　　　坡度：　　　　　坡位：

郁闭度：　　　　班级：　　　　　　组别：　　　　　　记录人：　　　　日期：

物种	样方											
	1	2	3	4	5	6	7	8	9	10	11	…
物种 1												
物种 2												
物种 3												
…												

（3）将样方中出现的物种两两配对，对配对物种共同出现的样方数和其中一个物种出现的样方数进行统计，将统计结果填入表 20-2。

表 20-2 2×2 列联表

		物种 B		合计
		出现的样方数	不出现的样方数	
物种 A	出现的样方数	a	b	$a+b$
	不出现的样方数	c	d	$c+d$
	合计	$a+c$	$b+d$	$N= a+b+c+d$

式中，a 为两个物种均出现的样方数；b 为仅出现 A 未出现 B 物种的样方数；c 为仅出现 B 未出现 a 的样方数；d 为两个物种均未出现的样方数。

20.5　实习结果分析

（1）物种联结性分析

根据表的数据，采用下面公式计算 χ^2 检验统计量：

$$\chi^2 = \frac{N\left[(ad - bc) - 0.5N\right]^2}{(a + b)(c + d)(a + c)(b + d)} \tag{20-1}$$

2×2 关联表的自由度为 1，当自由度为 1 时，5% 和 1% 概率水平的理论值分别为 3.481 和 6.635。

当值 $\chi^2<3.481$，物种间连结性不显著（$P>0.05$）；当 $\chi^2>3.481$ 时，物种间联结性显著（$P<0.05$）；当 $\chi^2>6.635$ 时，物种间联结性极显著（$P<0.01$）。

（2）相关强度测定

物种联结性分析能够判断两个物种之间的联结性是否显著，但不能说明两个物种之间是正关联还是负关联。可通过相关系数 r 来评价关联的类型及其程度。

$$r = \frac{ad - bc}{\sqrt{(a + b)(c + d)(a + c)(b + d)}} \tag{20-2}$$

式中，r 取值范围为 $[-1, +1]$，-1 为最大的负相关，$+1$ 为最大的正相关。

20.6　案例

杨子松（2012）对岷江上游干旱河谷荒坡的主要植物种群的种间关联进行了分析。他在岷江上游及其主要支流黑水河和杂谷脑河两岸的汶川县威州镇禹碑林山、布瓦山，理县桃坪乡东山、佳山，茂县沟口、飞虹等岷江上游干旱河谷中心地带，采用临时标准地法，对10个旱生半荒漠的荒坡样地的海拔、坡向坡度等生境特征和相应植物种群的盖度、多度、高度、株(丛)数、丛径等种群特征进行了调查。根据调查数据，计算了20个物种之间种间关联性。其得到的部分结果如下表所示。χ^2检验结果可以看出，在由20个物种所组成的190个种对当中只有34对表现出显著或极显著关联性(χ^2值>3.841)，其中正关联性仅14对，占42%；正关联性有66个种对，占关联对数总数的35.68%，占总对数的34.74%；有119个种对呈负关联性，占相关联对数64.32%。

表20-3　岷江上游干旱河谷荒坡20个物种的种间关联稀疏(部分)

物种对	x^2	r
毛茛—金色狗尾草	14.007	-0.0004
小马鞍羊蹄甲—毛茛	14.007	-0.0004
小马鞍羊蹄甲—金色狗尾草	11.995	0.02041
毛茛—垫状卷柏	10.778	-0.002
忍冬—中华山蓼	9.9609	0.00086
白刺花—中华山蓼	9.4913	-0.0008
蛾牛儿苗—垫状卷柏	9.4879	-0.0008
金花小檗—火葱	9.2598	-0.0008
歧茎蒿—阴地蒿	8.3262	-0.0006
金花小檗—忍冬	8.0162	0.00072
河朔荛花—垫状卷柏	8.0009	-0.0012
中华山蓼—川藏蒲公英	7.1141	-0.0007
蛾牛儿苗—多茎景天	6.9551	-0.0006
中华山蓼—阴地蒿	6.434	-0.0005
多茎景天—毛茛	6.1188	-0.0012
细柄草—披针薹草	5.9295	-0.0006
河朔荛花—金色狗尾草	5.6738	-0.0004
小马鞍羊蹄甲—河朔荛花	5.6738	-0.0004
披针薹草—火葱	5.4639	-0.0006
蛾牛儿苗—细柄草	5.2032	0.0006
金花小檗—阴地蒿	5.1879	-0.0005

20.7　思考题

(1)何为森林群落的种间关联性？

(2)举出自然界中正关联和负关联的实例，并解释其出现的原因。

21 森林群落生物量的测定

21.1 背景知识

生物量是指在一定时间和空间内某一种群、营养级或某一生态系统有机物质的总重量，一般以干重表示（kg/hm² 或 g/m²）。森林群落的生物量是指森林群落中所有生物有机体的干重，森林群落生物量是反映森林生态系统生态功能的重要指标。同时，通过生物量可以进一步对森林的生产力、物质循环、能量流动、碳贮量等重要功能特征进行评价。因此，在森林生态学研究中，生物量是一个重要的观测指标。从概念上看，森林生物量应该包括森林群落中的所有生物体，但实际研究工作中，经常根据研究目的不同，选择其中某一个物种、某一个营养级、某一层次（如草本、灌木或乔木层）或整个森林群落作为研究对象来测定其生物量。

测定森林生物量的方法有多种，但最常用的是收获法。

21.1.1 单木生物量的测定

单木生物量为树干、枝、叶、花、果实和根系生物量之和。其中，花和果实因为所占比重较小，经常被忽略不计。

$$B_t = B_s + B_b + B_b + B_l + B_h + B_k \qquad (21\text{-}1)$$

式中，B_t，B_s，B_b，B_l，B_h，B_k 分别为单木、树干、侧枝、叶、花和果实的生物量，kg/hm² 或 g/m²。

（1）树干生物量的测定

利用树干解析的方法将乔木树干分为若干区分段，测量每一区分段重量，合计得到总鲜重。另从各区分段中央位置截取圆盘，测量圆盘鲜重。然后将所有圆盘装入塑料袋取回，放入烘箱中，在105℃条件下烘至恒重，测定圆盘含水率。再由含水率计算得到各区分段干重，然后对各区分段干重进行累加，得到树干总干重。

$$B_d = B_f \times P_W \qquad (21\text{-}2)$$

式中，P_W 为样品干重与鲜重之比；B_d 为树干鲜重；B_f 为树干生物量。

（2）枝、叶生物量的测定

测定树木枝、叶生物量有两种主要方法：标准枝法和全部称重法。当树木比较小，枝条数量比较少时，可采用全称重法。当树木较大，枝条数量较多，采用全称重法有困难时，一般采用标准枝法。

所谓标准枝是指能够代表树木侧枝平均状态的枝条，其基径与枝长等于平均树枝基径与平均枝长。测定标准枝的枝、叶重量，然后由其推算整株树木的枝、叶重量。根据标准枝的抽取方式，该法又可分为平均标准枝法和分级标准枝法。

①平均标准枝法：平均标准枝法的步骤如下。

a. 树木伐倒后，测定所有树枝的基径和枝长，计算基径和枝长的算术平均值。

b. 以基径和枝长的算术平均值为标准，选择标准枝，标准枝数量根据调查精度确定，同时要求标准枝上的叶量是中等水平。

c. 分别称其枝、叶鲜重，并取样品。

d. 按下式计算全树的枝重和叶重。

$$W = \frac{N}{n} \sum_{i=1}^{n} W_i \tag{21-3}$$

式中，N 为全树的枝数；n 为标准枝数量；W_i 为标准枝的枝鲜重或叶鲜重；W 为全树的枝鲜重或叶鲜重。

②分层标准枝法：当树冠上部与下部树枝的粗度、长度、叶量变动较大时，可将树冠分为上、中、下三层，在每一层抽取标准枝，根据每层标准枝算出各层枝、叶的鲜重重量，然后将各层枝、叶重量相加，得到树木枝、叶鲜重。由于将树冠分为上、中、下三层分别抽取标准枝，因此该方法能够较好地反映出树冠上、中、下枝和叶的重量，对树冠枝和叶的重量估计较平均标准枝法准确。另外，在测算过程中，可以通过烘干的方法，分别测得枝、叶干重。

（3）树根生物量测定方法

树根生物量测定方法主要有全挖法和取样法。

①全挖法：将样木的树根全部挖出，清除其根上土壤，称其鲜重。另取少量烘至恒重，测定其含水率，由鲜重和含水率得到干重。

②取样法：全挖法工作量大，需要投入较多的人力物力，有些研究采用取样法。其主要思路是将根系分割成几个部分，调查其中的一部分根系的重量，然后一次推算全部根系的生物量。取样法有多种，常用的有同心圆法和样方法。

同心圆法（王雪峰等，2013）：

a. 以树干为中心向外做若干同心圆，同心圆圆周之间的距离可根据树干大小确定，如 1 m、2 m 等，最外面的同心圆应达到根系向外伸展的最远距离。

b. 然后由若干条通过树干的样线将同心圆进行等分，分为若干扇区，并对扇区进行编号。

c. 选择其中部分扇区进行挖掘，挖出该扇区中的全部根系，去掉根系上面的土壤，称其鲜重。另取少量根系样品，烘至恒重，测定其含水率，由扇区根系总鲜重和含水率得到干重。

d. 计算最大同心圆面积和取样扇区的面积，由根系扇区总干重得到根系总生物量。

$$B_r = B_s \cdot \frac{S}{S_s} \tag{21-4}$$

式中，B_r 为根系生物量；B_s 为取样扇区中根系干重；S 为最大同心圆面积；S_s 为取样扇区面积。

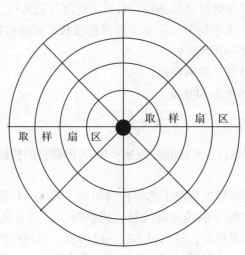

图 21-1　同心圆法取样示意

21.1.2　林分生物量测定

林分生物量包括了乔木层生物量和灌草层生物量。

（1）乔木层生物量测定

乔木层生物量测定有皆伐法、标准木法和回归模型法。

①皆伐法：

皆伐法对林分破坏较大，且工作量巨大，一般很少采用。

②标准木法：在需要调查的林分中，选择有代表性地段，设置标准地。在标准地内进行每木检尺，根据调查数据计算平均胸径、平均树高、平均冠幅和平均冠长，然后在林分中寻找胸径、树高、冠长和冠幅与各平均值最为接近的林木作为标准木。然后采用上文的单木生物量测定方法调查标准木的生物量。最后由标准木的生物量乘以标准地中的林木株数，得到乔木层林分生物量。

为了提高生物量估测的精度，还可采用径阶标准木法。根据每木调查资料将标准地内全部活立木按径阶分组，在各径阶内选择标准木。由各径阶的标准木推算各径阶的生物量，再由各径阶生物量得到林分生物量。

③回归模型法：在需要调查的林分中，选择有代表性地段，设置标准地。在标准地内进行每木检尺，然后在每一径阶中选择 1~2 株标准木，进行生物量的测定。其后建立林木生物量与胸径、树高等测树因子的回归模型。最后将标准地中每株林木的测树因子带入模型，计算得到每株树的生物量，进行加和得到标准地乔木层的生物量。常用的模型有以下几种形式：

$$B = aD^b \tag{21-5}$$

$$B = a(D^2 H)^b \tag{21-6}$$

式中，B 为单株生物量，kg；D 为林木胸径，cm；h 为树高，m；a，b 为模型参数。

(2)灌木、草本生物量测定

在调查乔木设置的样地内，采用机械布点方法，设置灌木和草本调查样方 4~5 个。灌木调查样方的一般为 2 m×2 m 或 3 m×3 m，草本调查样方为 1 m×1 m。在样方内采用全部收获法分别收获样方内的灌木和草本植物，分器官测定其鲜重，然后分别取部分样品带回室内进行烘干，测定其含水率，推算灌木和草本的生物量。

21.2 实习目的

深入理解生物量的含义，掌握林木、林分生物量的调查方法。

21.3 实习工具

罗盘仪、测绳、皮尺、钢卷尺、测高器、油锯、烘箱、铝盒、电子天平、弹簧秤、记录表。

21.4 实习过程

每个小组选择一种森林类型，布设标准地，分别进行乔木层、灌木层和草本层生物量的测定。

(1)乔木层各器官生物量的测定

在林内选择有代表性的地段，布设 20 m×30 m 的标准地，在林内进行每木检尺，调查每株树的胸径和树高，计算平均胸径和平均数高。

从样地中选择胸径与树高均与平均胸径和树高都非常接近的林木作为标准木。

将标准木伐倒，将主干和侧枝分离。

将主干按照 1 m 或 2 m 一个去分段进行分离，称量每一区分段的鲜重；同时从每一区分段的中间位置取一段树干，称其鲜重，装入塑料袋，带回室内，在 105℃ 条件下烘至恒重，测定其含水率，然后计算每一区分段的干重，最后加和得到树干的总干重。

将取下的枝条，按照在树冠中的位置分为上、中、下三层。测量每一层中各个枝条的长度和基径，计算平均长度和平均基径。然后从每一层中，选择 5 个长度与基径与平均长度和平均基径最为接近的枝条作为标准枝。将标准枝上的叶片全部摘下，然后对枝条和叶片分别称重，得其鲜重。然后带回室内在 85℃ 条件下进行烘干，测定其含水率，然后分别得到标准枝枝条和叶片的干重。然后由标准枝的干重推算各层全部枝条的生物量。将三层枝叶生物量相加，得到全部的枝叶生物量。

将标准木主干生物量和枝叶生物量分别乘以标准地中林木的株树，得到乔木层各器官的生物量。

(2)灌木层生物量的测定

在标准地内，按照机械布点的方法设置 3 块 3 m×3 m 的灌木调查样方，用手锯或剪刀将灌木的地上部分全部剪下，然后分别测定茎、叶、花和果实的鲜重，同时分别各器官取少量带回室内进行烘干测定含水率和碳含量。

(3)草本层生物量的测定

在标准地内，按照机械布点的方法设置 5 块 1 m×1 m 的草本调查样方，用剪刀将草本的地上部分全部剪下，并称重，同时分别各器官取少量带回室内进行烘干测定含水率和碳含量。

为了减少工作量，乔木、灌木和草本地下部分生物量均采用根冠比来进行推算，根冠比由相关文献获得。

21.5　实习结果分析

（1）乔木层生物量的计算

乔木层标准木生物量采用以下公式进行计算：

$$B_t = B_s + B_b + B_l \tag{21-7}$$

式中，B_t，B_s，B_b，B_l 分别为单木、树干、侧枝和叶的生物量，kg。

乔木层生物量采用以下公式计算：

$$B_a = B_t \cdot \frac{N}{S} \tag{21-8}$$

式中，B_a 为乔木层生物量，kg/m²；B_t 为标准木生物量，kg；N 为标准地中林木株数；S 为标准地面积，m²。

（2）灌木层生物量的计算

灌木层生物量按以下公式进行计算：

$$B_b = \frac{1}{ns} \sum_i^n W_i \tag{21-9}$$

式中，B_b 为灌木层生物量，kg/m²；n 为灌木样方数量；s 为样方面积，m²；W_i 为第 i 个样方的灌木生物量，kg。

（3）草本层生物量的计算

草本层生物量按以下公式进行计算：

$$B_g = \frac{1}{ns} \sum_i^n W_i \tag{21-10}$$

式中，B_g 为草本层生物量，kg/m²；n 为草本样方数量；s 为样方面积，m²；W_i 为第 i 个样方的草本生物量，kg。

（4）林分生物量的计算

森林生态系统的碳贮量为：

$$B_f = B_a + B_b + B_g \tag{21-11}$$

式中，B_f 为林分生物量，kg/m²；B_a，B_b，B_g 分别为乔木层、灌木层和草本层的生物量，kg/m²。

21.6　案例

贾全全等（2015）以陇东黄土高原沟壑区 12 年生刺槐人工林和 12 年生油松人工林为研究对象，采用样地调查与生物量实测的方法，研究刺槐人工林和油松人工林乔木不同器官、灌草层的生物量。在刺槐及油松人工林阴坡和阳坡，各设置 3 块标准样地（20 m×20 m），共 12 块样地。在样地中进行每木检尺，依据林木平均胸径和平均树高，在每块样地内均选择 1 株标准木，进行生物量测定，12 块标准地共选择 12 株标准木。采用收获法测定了 12 株标准木的单木生物量，然后采用平均木法，即由平均木生物量乘以林分密度得到了各林分乔木的生物量。同时，在林下设置 3 个 5 m×5 m 的灌木样方和 5 个 1 m×1 m 的草本样方调查了林下灌木和草本的生物量。研究发现，刺槐林植被层生物量为 54.80 t/hm²，乔木层、草本层和灌木层分别占 95.88%、2 65% 和和 1.46%；油松林植被层生物量为 24.37 t/hm²，乔木层、草本层和灌木层分别占 93.43%、5.17% 和 1.40%。

表 21-1　刺槐人工林和油松人工林生物量　　　　　　　　t/hm²

层　次	组　分	刺槐林	油松林
乔木层	干	21.03±8.99	8.49±4.34
	皮	3.29±1.75	1.43±0.26
	枝	12.22±5.68	7.12±3.91
	叶	2.95±0.36	1.83±0.57
	根	13.04±4.62	3.89±1.58
	合计	52.55±22.34	22.77±10.16
灌木层	地上	0.55±0.05	0.23±0.03
	地下	0.20±0.02	0.12±0.01
	合计	0.80±0.03	0.34±0.04
草本层	地上	0.79±0.06	0.76±0.05
	地下	0.55±0.06	0.50±0.07
	合计	1.45±0.04	1.26±0.08

21.7　思考题

(1) 何为生物量？

(2) 测定森林群落生物量的意义是什么？

(3) 常用的森林生物量的测定方法有哪些？

(4) 森林生物量测定的难点在哪里？

22　森林净初级生产力的测定

22.1　背景知识

森林总第一性生产力又称总初级生产力，指森林在单位时间和单位面积内绿色植物通过光合作用所制造的有机物的总量，其中包括了植物呼吸消耗掉的部分。森林净第一性生产力又称净初级生产力，指森林生态系统绿色植物除去呼吸消耗之后的有机物的积累速率，其单位为 $kg/(hm^2 \cdot a)$ 或 $g/(m^2 \cdot a)$。森林的净初级生产力也是反映森林生态系统生态功能的重要指标。

总初级生产力与净初级生产力的关系如下式所示：

$$NPP = GPP - R \tag{22-1}$$

式中，GPP（gross primary productivity）为总处级生产力；NPP（net primary productivity）为净初级生产力；R 为绿色植物的呼吸速率。

在森林生态学研究中，经常需要测定森林生态系统的净初级生产力，以评价森林生态系统的生产功能，以及各种人为因素和自然因素对森林生产力的影响。但是，因为森林生态系统的总初级生产力及绿色植物的呼吸速率很难直接测定，所以，净初级生产力直接测定的难度较大。净初级生产力是植物干物质的积累速率，干物质的积累主要表现在植物的生物量，因此，净初级生产力可通过植物生物量变化来进行测定。森林净初级生产力的计算公式如下：

$$NPP = \rho B_p + \rho B_h + \rho B_l + \rho B_e \tag{22-2}$$

式中，ρB_p 为植物的年生长量；ρB_h 为草食动物对植物的年取食量；ρB_l 为植物的年枯损量；ρB_e 为植物每年通过挥发或分泌损失的干物质的量。

在实际的研究中，因为 ρB_h、ρB_l、ρB_e 这些数据很难获得，所以很多研究实际上都将其忽略不计，这样，上式则简化为：

$$NPP = \rho B_p \tag{22-3}$$

即净初级生产力为单位时间内的植物生物量的变化，这样得到的 NPP 比实际值要偏小。森林植物生物量的变化包括了乔木、灌木和草本植物生物量的变化。

乔木层净初级生产力有不同的计算方法。

年龄平均法：用乔木层的总生物量除以乔木的年龄，得到乔木层的年平均生长量，由年平均生长量代表净初级生产力。这种计算方法忽略了生产力随年龄的变化。其计算方法如下：

$$NPP = \frac{B}{t} \tag{22-4}$$

式中，B 为乔木层总生物量；t 为林分的年龄。

固定样地法：利用固定观测样地，在两个时间点分别进行抽样，测定两个时间点上的乔木层生物量，然后由其生物量之差除以两个时间点的时间间隔，得到该时间段内的净初级生产力。该方法比较好，但需要有长期监测样地，同时需要较长的时间才能得到结果。其计算方法如下：

$$NPP = \frac{B_t - B_0}{t} \tag{22-5}$$

式中，B_0，B_t 分别为初始时间和时间 t 后的乔木层总生物量；t 为时间间隔。

树干解析法：对样地的标准木进行树干解析，由树干解析数据得到树干的材积连年生长量及生长率 P，然后，由树干的密度及材积连年生长量，得到树干生物量的年增长量。然后假设侧枝的生长率与树干相同，推算出侧枝生物量的年生长量。叶的年生长量则以测定当年的新生叶片的重量来表示。如果是常绿树种，则用叶总生物量除以叶片最长着生时间。最后由树干、侧枝及叶片生物量的年生长量加和得到乔木的生产力。这种方法的优点是，可用树干解析的方法快速的计算出生产力。侧枝与根系的年生长量由下式得出：

$$\rho B_r = \frac{2P_i}{2+P_i} B_{ri} \tag{22-6}$$

$$\rho B_b = \frac{2P_i}{2+P_i} B_{bi} \tag{22-7}$$

式中，ρB_r 为调查当年的根系生物量的年增量；B_{ri} 为调查当年的根系的总生物量；ρB_b 为调查当年的枝条生物量的年增量；B_{bi} 为调查当年的根系的总生物量；P_i 为生长率（假设树木各器官的生长率相同，为树干解析得到的树干材积的生长率）。

$$P_i = \frac{V_i - V_{i-n}}{V_i + V_{i+n}} \times \frac{2}{t_i - t_{i-n}} \tag{22-8}$$

式中，P_i 为材积的生长率；V_i 为 i 年的材积；n 为间隔期；t 为年龄。

乔木层净生产力由下式得到：

$$NPP = \rho B_p = (\rho B_t + \rho B_b + \rho B_l + \rho B_f) N \tag{22-9}$$

式中，ρB_t，ρB_b，ρB_L，ρB_f 分别为树干、侧枝、叶和果实的年生长量；N 为林分密度。

生物量模型法：该方法的思路是，利用生长锥获取标准木的木芯，计算不同年龄的胸径，然后将胸径代入已经建立的生物量模型，就可以得到任一年龄下标准木各器官或者总的生物量，由其相邻两年的生物量之差得到年生长量，由标准木的年生长量得到林分乔木层的生产力。以单木的生物量公式 $W = aD^b$ 为例说明净生产力的计算方法：

$$\rho W_t = W_{tt} - W_{tt-1} = a_1 D^b - a_1 (D-2d)^b \tag{22-10}$$

$$\rho W_b = W_{bt} - W_{bt-1} = a_2 D^c - a_2 (D-2d)^c \tag{22-11}$$

$$\rho W_r = W_{rt} - W_{rt-1} = a_3 D^f - a_3 (D-2d)^e \tag{22-12}$$

$$\rho W_l = W_l = a_4 D^f - a_4 (D-2d)^f \tag{22-13}$$

$$\rho W_l = W_l = a_4 D^f \tag{22-14}$$

$$\rho W_f = W_f = a_5 D^g \tag{22-15}$$

式中，ρW_t 为干生物量的年增量；ρW_b 为侧枝生物量的年增量；ρW_r 为根生物量的年增量；ρW_l 为当年的叶生物量的年增量（落叶树种由式计算获得，常绿树种则由式计算获得）定当年的带皮胸径；d 为由木芯测得的 t 年的年轮宽度。

乔木层净生产力由下式得到：

$$NPP = \rho B_p = (\rho W_t + \rho W_b + \rho W_r + \rho W_l + \rho W_f) N \tag{22-16}$$

式中，N 为林分密度，株/hm^2；其余字母意义同前。

灌木层的生产力一般由灌木层的总生物量除以灌木的年龄获得；草本层的地上部分一般为一年生，因此其生产力就等于其生物量；多年生草本植物的地下部分为多年生，但其年龄很难判断，所以一般也按一年生处理。

22.2　实习目的

通过本实习让学生深入理解总初级生产力、净初级生产力的概念，掌握森林生态系统净初级生产力的测定方法。

22.3　实习工具

罗盘仪、测绳、皮尺、钢卷尺、测高器、油锯、烘箱、铝盒、电子天平、弹簧秤、生长锥、记录表。

22.4　实习过程

可通过两种方法来组织本次实习：一种方法是结合森林群落生物量的实习来进行，即在调查乔木层、灌木层及草本层生物量的同时，调查乔木层及灌木的年龄，由生物量和年龄得到林分的净初级生产力；另一种方法是通过文献中已经发表的生物量模型来计算乔木层的生物量，进而推算乔木层生产力，本方法的优点是不需要伐树，对试验林的干扰较小。这里重点介绍第二种方法的实习过程。

(1)每个小组在油松人工林中布设 20 m×30 m 的标准地。

(2)在标准地内对乔木层进行每木检尺，测定每株树的树高和胸径。同时，用生长锥测定林木年龄。

(3)将每株树的树高与胸径代入表 22-1 的生物量模型中，计算每株树的树干、侧枝、叶片和根系的生物量，进而得到每株树的总生物量。

(4)调查灌木和草本层生物量，同时测定灌木年龄。

表 22-1　油松各器官生物量回归模型

器官	生物量模型	文　献
针叶	$W = -0.293 + 0.004(D^2 H)$	贾全全等，2015
枝条	$W = 0.0013(D^2 H)^{1.208}$	贾全全等，2015
树干	$W = 0.059(D^2 H)^{0.868}$	贾全全等，2015
根	$W = 2.671 + 0.006(D^2 H)$	贾全全等，2015

22.5　实习结果分析

(1)乔木层净初级生产力的计算

乔木层生物量采用以下公式进行计算：

$$B_a = \frac{1}{S} \sum_{i}^{n} B_i \tag{22-17}$$

式中，B_a 为林分乔木层总生物量，kg；B_i 分别为第 i 株树的生物量，kg；S 为标准地面积，m²。

乔木层净初级生产力采用以下公式计算：

$$P_a = \frac{B_a}{t} \qquad (22\text{-}18)$$

式中，P_a 为乔木层净初级生产力，kg/(m²·a)；t 为乔木层林木的年龄，a。

（2）灌木层净初级生产力的计算

灌木层生物量按以下公式进行计算：

$$B_b = \frac{1}{nS} \sum_{i}^{n} w_i \qquad (22\text{-}19)$$

式中，B_b 为灌木层生物量，kg/m²；n 为灌木样方数量；S 为标准地面积，m²；W_i 为第 i 个样方的灌木生物量，kg。

$$P_b = \frac{B_b}{t} \qquad (22\text{-}20)$$

式中，P_b 为灌木层净初级生产力，kg；B_b 为灌木层生物量，kg；t 为灌木年龄，a。

（3）森林净初级生产力的计算

森林净初级生产力的计算按以下公式进行：

$$P_f = P_a + P_b + P_g$$

式中，P_f 为林分生物量，kg；P_a、P_b、P_g 分别为乔木层、灌木层、草本层的净生产力，kg/(m²·a)，P_g 取草本层的生物量。

22.6 案例

许中旗等（2006）采用收获法和解析木法对东北东部山地 5 种蒙古栎（*Quercus mongolica*）林（包括榛子蒙古栎林、高产栎林、胡枝子蒙古栎林、杜鹃蒙古栎林和矮栎林）乔木层的生物量和生产力进行了研究。该研究利用 15 株解析木数据建立了蒙古栎干、枝、叶和根系的生物量模型，对 5 种蒙古栎林乔木层的生物量进行了估算。同时，利用解析木数据得到了树干的年生长量，由年龄平均法得到了根系和枝的年生长量，平均木根和枝的年生长量取根和枝的年平均生长量，以叶和果实的生物量作为叶和果实的年生长量，从而得到了林分乔木层的净初级生产力。研究结果表明，生物量由高到低的顺序为：榛子蒙古栎林>高产栎林>胡枝子蒙古栎林>杜鹃蒙古栎林>矮栎林，分别为 249 754.45 kg/hm²、184 750.00 kg/hm²、42 974.50 kg/hm²。各林分净生产力从大到小的顺序依次为：榛子蒙古栎>矮栎林>杜鹃蒙古栎林>胡枝子蒙古栎林>高产栎林，分别为 18 701.3 kg/(hm²·a)、7682.6 kg/(hm²·a)、7622.1 kg/(hm²·a)、7588.5 kg/(hm²·a)、6984.0 kg/(hm²·a)（表22-2）。

表 22-2　不同蒙古栎林的净生产力　　　　　　　　　　kg/(hm²·a)

林　分	主干	侧枝	叶	根	果	总计
胡枝子蒙古栎林	2694.5	386.2	4019.0	488.8	—	7588.5
榛子蒙古栎林	9742.8	699.1	4929.0	3100.4	230.0	18 701.3

（续）

林 分	主干	侧枝	叶	根	果	总计
杜鹃蒙古栎林	2300.3	418.5	4447.8	478.5	27.0	7622.1
矮栎林	2571.4	13415.5	1923.5	1846.3	—	7682.6
高产栎林	3051.8	218.1	2692.8	735.1	286.2	6984.0

黄采艺等（2015）采用收获法和年龄平均法对不同林龄西藏林芝云杉的生物量和生产力进行了研究。在西藏林芝地区的波密县和类乌齐县内，选取平均年龄为 14 年生、23 年生、32 年生、45 年生、60 年生云杉天然林固定样地，面积均为 20 m×30 m，进行林分调查，获得云杉解析木 63 株，建立了生物量回归模型，并采用年龄平均法计算了云杉林乔木层的生产力，即由乔木层各组分生物量除以相应的年龄得到各组分的年生长量，然后由各组分的年生长量相加得到林分的生产力。由树干生物量除以树木的年龄得到树干的年生长量，侧枝生物量除以最大侧枝的年龄（本研究为 20 年）得到侧枝的年生长量，叶的总生物量除以针叶在树枝上着生的年限（本研究为 5 年）得到针叶的年生长量。研究结果表明，西藏林芝 14 年、23 年、32 年、45 年、60 年生云杉乔木层净第一性生产力分别为 0.50 t/(hm² · a)、1.52 t/(hm² · a)、1.49 t/(hm² · a)、2.40 t/(hm² · a)、3.01 t/(hm² · a)，呈现随年龄增加而递增的趋势。

22.7　思考题

(1)何为净初级生产力？它与植物生物量的关系是什么？

(2)森林生态系统净初级生产力包括哪些部分？

(3)常用的森林生态系统乔木层净初级生产力的测定方法有哪些？

(4)在森林生态系统净初级生产力的测定过程中，哪些部分因为难以测量经常被忽略？

23　森林死地被物层的调查

23.1　背景知识

森林凋落物是指植物在生长发育过程中主动或被动地凋落于地面的叶片、枝条、果实和倒木等(中国生态系统研究网络科学委员会，2007)。当凋落物形成速率超过凋落物分解速率时，尚未分解凋落物就会在林地表面进行积累形成死地被物层。死地被物层是森林生态系统重要结构和功能单元。一方面，它是森林中重要的有机质和营养物质的存贮库。森林中很多动物、微生物都以凋落物为食，来获取其所需的物质和能力；同时，凋落物分解和养分释放是森林生物地球化学循环中重要一环，在补充土壤养分、维持土壤肥力方面发挥着重要作用。另一方面，死地被物层在防止土壤侵蚀及土壤理化性质的形成方面具有重要作用。死地被物层分解的中间产物进入土壤促进了土壤有机质含量的升高，有机质黏结作用有促进土壤结构改善；同时，死地被物层覆于土壤表面，能够减缓降水对地面直接冲击，保护林地土壤结构及其渗透性，从而减小地表径流，起到防止土壤侵蚀和涵养水源作用。

但是森林中凋落物积累量过大，即死地被物层过厚，会对森林生长发育产生不利影响。一方面，死地被物层过后，会导致矿质土壤接受的太阳辐射能减少，从而导致土壤温度过低，直接影响林木根系发育以及土壤微生物活动(李俊清，2006)；另一方面，死地被物层过厚意味着凋落物分解速率下降，这将导致通过分解作用补充到土壤中矿质养分减少，造成土壤肥力下降。

森林死地被物层厚度决定于凋落物形成速率与凋落物分解速率之间的平衡。影响凋落物分解的因素主要是三个方面：物理环境、凋落物的性质和微生物群落的特征。较高的温度、中等湿度及较稀疏的林分环境有利于凋落物分解；木质素与氮元素之比较低的凋落物分解较快；微生物群落种类丰富有利于凋落物分解。

森林的死地被物层具有明显的分层特征。根据分解程度可以将死地被物层分为 3 个层次：

凋落物层(L层)：仍保持者凋落物的原状，尚未分解或刚开始分解。

半腐层(F层)：位于 L 层之下，已被分解成碎片，但大部分仍可辨出来源，比 L 层颜色深，常含有大量的菌丝体和树木细根。

腐殖层(H层)：高度分解，来源难以辨认，湿度大，颜色深，常与下层土壤充分混合在一起。

由于死地被物层在森林生态系统中具有重要的生态作用，因此，经常需要对森林的死地被物层的数量及其特征进行调查。由于其中腐殖质层已高度分解，且与下层的矿质土壤充分混合，难以进行收集，所以一般的死地被物层调查只包含凋落物层和半腐层的调查。

23.2 实习目的

增加学生对森林凋落物、死地被物层的感性认识，掌握森林凋落物及死地被物层的调查方法。

23.3 实习工具

罗盘仪、测绳、皮尺、钢卷尺、烘箱、电子天平、弹簧秤、塑料袋、牛皮纸信封、记录表。

23.4 实习过程

（1）每个小组选择一种森林类型，布设 20 m×30 m 的标准地。

（2）在标准地内对乔木层进行每木检尺，测定每株树的树高和胸径。

（3）如图 23-1 所示，在标准地内均匀布设 5 个 1 m×1 m 样方。

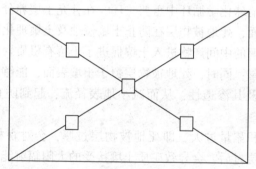

图 23-1 凋落物调查样方布设示意

（4）在样方中分层收集凋落物层和半腐层的凋落物，分别放在塑料袋中，用弹簧秤立即进行称重，称后带回室内。

（5）在室内，分别从凋落物层和半腐层中另取部分样品，装入已经称过重量的牛皮纸信封中，马上用电子天平进行称重，然后在 85℃下在烘箱中烘至恒重。将结果记录在表23-1 中。

表 23-1 凋落物调查记录表

地点： 群落类型： 地理坐标： 坡向： 坡度： 坡位：
郁闭度： 班级： 组别： 记录人： 日期：

样方	凋落物层			半腐层		
	总鲜重 W_l	烘干样鲜重 W_{lf}	烘干样干重 W_{ld}	总鲜重 W_f	烘干样鲜重 W_{ff}	烘干样干重 W_{fd}
1						
2						
3						
4						
5						

23.5 实习结果分析

(1)凋落物层的积累量

$$W_{lt} = \frac{1}{nS} \sum_{i}^{n} w_{li} \times \frac{W_{ldi}}{W_{lfi}} \tag{23-1}$$

式中，W_{lt} 为凋落物层的积累量，kg/m² 或 t/hm²；W_{li} 为第 i 个样方的总鲜重，kg/m² 或 t/hm²；W_{lfi} 为第 i 个样方的烘干样鲜重，kg/m² 或 t/hm²；W_{ldi} 为第 i 个样方的烘干样干重，kg/m² 或 t/hm²；n 为样方数量；S 为样方面积，m²。

(2)半腐层的积累量

$$W_{ft} = \frac{1}{nS} \sum_{i}^{n} w_{fi} \times \frac{W_{fdi}}{W_{ffi}} \tag{23-2}$$

式中，W_{ft} 为凋落物层的积累量，kg/m² 或 t/hm²；W_{li} 为第 i 个样方的总鲜重，kg/m² 或 t/hm²；W_{ffi} 为第 i 个样方的烘干样鲜重，kg/m² 或 t/hm²；W_{fdi} 为第 i 个样方的烘干样干重，kg/m² 或 t/hm²；n 为样方数量；S 为样方面积，m²。

23.6 案例

李倩茹等(2009)对燕山西部山地4种不同植物群落的凋落物积累量进行了研究。作者在华北落叶松林、白桦林、榛子灌丛、绣线菊灌丛(包括封育区及未封育区)中，分别在坡下、坡中和坡上的3个位置进行取样，每一位置分别设 1 m×1 m 的样方3个，在每个样方内收集全部地表凋落物，对凋落物的积累量进行调查。研究发现，两种灌木群落凋落物积累量明显低于白桦林和华北落叶松林，白桦林和华北落叶松林分别达到了 11.0~18.16 t/hm² 和 10.30~15.84 t/hm²，榛子灌丛约为 2.64~2.95 t/hm²，绣线菊灌丛最低，封育区凋落物的积累量约为 0.37~0.53 t/hm²，未封育区约为 0.12~0.15 t/hm²。

表 23-2　不同群落凋落物的积累量　　　　t/hm²

群落类型	坡下	坡中	坡上
白桦林	11.0±4.9	18.16±9.67	13.75±4.01
落叶松	15.84±2.90	10.98±2.88	10.30±3.31
榛子灌丛	2.68±0.91	2.95±0.27	2.64±1.07
绣线菊灌丛(封育区)	0.46±0.3	0.53±0.39	0.37±0.24
绣线菊灌丛(未封育区)	0.12±0.11	0.13±0.09	0.15±0.09

林立文等(2020)以桂北融水县贝江河林场杉木人工林为对象，采用野外实地观测与室内浸水法，研究了6种不同密度杉木林枯落物层和土壤层的水文效应。选取6种密度(975 株/hm²、1440 株/hm²、1775 株/hm²、2025 株/hm²、2325 株/hm²、2700 株/hm²)杉木人工林作为研究对象，每个密度设置3个 20 m×30 m 的样地，在每个样地中设置3个 1 m×1 m 的小样方对未分解层和分解层的凋落物进行了调查。研究结果表明，6种密度杉木林枯落物的厚度介于 3.9~5.7 cm，蓄积量介于 4.3~6.4 t/hm²，枯落物厚度与蓄积量从大到小依次为

1755 株/hm^2、1440 株/hm^2、2025 株/hm^2、2700 株/hm^2、2325 株/hm^2 和 975 株/hm^2；枯落物最大持水量为 2.40~14.23 t/hm^2，最大拦蓄量为 5.23~11.51 t/hm^2，有效拦蓄量为 2.45~9.49 t/hm^2。

表 23-3　不同密度杉木林枯落物厚度与蓄积量

密度（株/hm^2）	厚度(cm)	总蓄积量（t/hm^2）	未分解		分解	
			蓄积量(t/hm^2)	占比(%)	蓄积量(t/hm^2)	占比(%)
975	3.9	4.30	2.01	46.67	2.29	53.33
1440	5.5	5.74	2.80	48.77	2.94	51.23
1775	5.7	6.40	2.87	44.88	3.53	55.12
2025	5.4	5.50	2.69	49.00	2.80	51.00
2325	4.3	4.58	2.01	43.83	2.58	56.17
2700	4.8	4.97	2.27	45.71	2.70	54.29

23.7　思考题

（1）死地被物层在森林生态系统中的生态作用有哪些？

（2）森林死地被物层的结构特征如何？

（3）森林死地被物的种类有哪些？与森林类型的关系如何？

24 森林生态系统碳贮量的测定

24.1 背景知识

全球变暖是当前人类所面临的重大环境问题。以 CO_2 为主的温室气体排放量的增加是导致大气温度上升的主要原因，在各种温室气体中，CO_2 对全球变暖的贡献率最大，达到了 60%。减缓 CO_2 的排放，并利用各种生态系统吸收和固定更多的碳是抑制大气浓度升高的主要手段之一。森林是陆地生态系统的主体，具有明显的碳汇作用。森林的碳贮量约为 1146 PgC，占陆地生态系统总碳贮量的 46%。因此，通过人工造林或科学经营增加森林生态系统的碳截存成为控制大气 CO_2 浓度的重要措施。

森林生态系统碳汇作用的形成机制是通过森林植物的光合作用将大气 CO_2 固定在森林植物体内，植物体内的碳又通过食物链在各种动物及微生物体内进行传递，从而形成了一个巨大的生物碳库；同时森林植物会通过地上器官及地下根系的不断凋亡和积累形成一个个巨大的凋落物碳库；凋落物中的碳又在自然因素和生物因素的作用下，不断地向土壤进行转移和积累，形成土壤碳库。因此，森林生态系统的碳库是由三个分室构成，即生物碳库、凋落物碳库和土壤碳库。其中生物碳库中的动物及微生物部分(地上物部分)，由于数量较少且测定难度较大，在很多研究中经常忽略不计。地下微生物碳一般也被归于土壤碳库，只有在特定的研究中需要将其分离出来时才采用特定的方法，例如土壤熏蒸法对其进行分离。

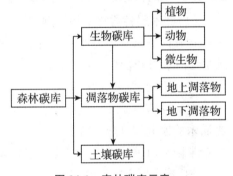

图 24-1 森林碳库示意

对森林生态系统的碳贮量进行准确测定具有非常重要的意义。一方面可以了解森林作为一个碳库贮存的碳的多少，另一方面通过两个时间点上同一森林生态系统碳贮量的对比了解两个时间点之间森林碳贮量的变化，评估该森林生态系统在该时间段内是一个碳汇，还是一个碳源，从而对该时间段内森林经营活动对森林碳汇作用的影响进行评价。

森林生态系统的碳贮量可通过下式来进行计算：

$$C = C_b + C_l + C_s \tag{24-1}$$

式中，C 为生态系统的总的碳贮量；C_b 为植物体中存贮的碳；C_l 为凋落物中的碳；C_s 为土壤中的碳。则某一时间段的碳贮量的变化可右下式来进行计算：

$$\Delta C = C_t - C_0 \tag{24-2}$$

式中，ΔC 某一时间段的氮贮量的变化；C_0 为初始时刻的碳贮量；C_t 为 t 时刻的碳贮量。

当 $\Delta C > 0$，表示森林生态系统的碳贮量有净的增加，该段时间内森林是一个碳汇，例如幼龄林，或得到很好的保护或科学经营的森林生态系统；当 $\Delta C < 0$，表明该时间段内森林生态系统的碳贮量有所减少，其为一个碳源，例如一个老龄林，或者遭受了不合理的人为干扰或自然灾害影响的森林；如果 $\Delta C = 0$，则森林生态系统的碳贮量没有变化，森林生态系统处于一种稳定状态。

24.2　实习目的

了解森林生态系统的碳库组成，掌握森林生态系统生物碳库、凋落物碳库和土壤碳库的调查方法及碳密度的计算方法。

24.3　实习工具

罗盘仪、测绳、皮尺、钢卷尺、测高器、油锯、环刀、土壤刀、铝盒、电子天平、弹簧秤、记录表。

24.4　实习过程

每个小组选择一种森林类型，布设标准地，分别进行生物有机碳、凋落物有机碳及土壤有机碳的测定，最后得到森林生态系统总的有机碳贮量。

24.4.1　森林植物生物量的测定与取样

(1)乔木层各器官生物量测定

在林内选择有代表性的地段，布设 20 m×30 m 的标准地，在林内进行每木检尺，按照实验 21 的方法计算乔木层各器官的生物量。

(2)灌木层生物量的测定

在标准地内，按照机械布点的方法设置 3 块 3 m×3 m 的灌木调查样方，用手锯或剪刀将灌木的地上部分全部剪下，然后分别测定茎、叶、花和果实的鲜重，同时分别各器官取少量带回室内进行烘干测定含水率和碳含量。

(3)草本层生物量的测定

在标准地内，按照机械布点的方法设置 5 块 1 m×1 m 的草本调查样方，用剪刀将草本的地上部分全部剪下，进行称重，同时分别各器官取少量带回室内进行烘干测定含水率和碳含量。

为了减少工作量，乔木、灌木和草本地下部分生物量均采用根冠比来进行推算，根冠比可由文献中获得。

24.4.2　凋落物的调查与取样

凋落物的调查与取样与草本生物量的调查同时进行。在 1 m×1 m 的草本调查样方内，在取完样方内的草本植物的地上部分后，收集样方内的全部凋落物，进行称重，同时，取 50~100 g 带回室内进行烘干测定含水率和碳含量。

24.4.3 土壤的调查与取样

在取完草本植物和凋落物的样方内，挖掘土壤剖面，然后由上到下进行分层取样，每10 cm 一层。

在每一层中，首先用铝盒和环刀分别进行取样以测定含水率和土壤容重，取完后用胶带固定环刀和铝盒的盖子防止脱落。然后，取 100 g 左右土壤放入土壤袋中，用于土壤有机碳的分析。

24.4.4 有机碳分析

（1）植物及凋落物样品的预处理

将所采集植物或凋落物样品放入烘箱，在 85℃下烘至恒重。然后用粉碎机进行粉碎，经粉碎的样品过 200 目土壤后装瓶备用。所有粉碎后的样品在分析前，再次放入 80℃的烘箱中烘 24 h。

（2）土壤样品的预处理

将所采的土壤样品在室内进行阴干、碾碎，首先过 2 mm 土壤筛，去掉大于 2 mm 的石砾，然后过>1 mm 土壤筛，过筛后的土壤样品用于土壤有机碳含量的测定，同时测定石砾含量。

（3）土壤有机碳的分析

采用重铬酸钾容重法—稀释加热法测定植物、凋落物和土壤的碳含量。具体方法参考相关文献。

24.5 实习结果分析

（1）生物碳贮量的计算

森林生物碳贮量采用以下公式进行计算：

$$C_b = C_a + C_b + C_h \tag{24-3}$$

式中，C_b 为森林生物碳贮量，kg/m^2 或 t/hm^2；C_a，C_b，C_h 分别为乔木、灌木和草本的碳贮量，kg/m^2 或 t/hm^2。

乔木的碳贮量采用以下公式进行计算：

$$C_a = B_r \cdot C_r + B_t \cdot C_t + B_s \cdot C_s + B_l \cdot C_l + B_i \cdot C_i + B_f \cdot C_f \tag{24-4}$$

式中，B_r，B_t，B_s，B_l，B_i，B_f 分别为乔木根、干、枝、叶、花和果实的生物量，kg/m^2 或 t/hm^2；C_r，C_t，C_s，C_l，C_i，C_f 分别为根、干、枝、叶、花和果实的碳含量，%。

灌木的碳贮量采用以下公式进行计算：

$$C_b = B_r \cdot C_r + B_s \cdot C_s + B_l \cdot C_f + B_i \cdot C_i + B_f \cdot C_f \tag{24-5}$$

式中，B_r，B_s，B_l，B_i，B_f 分别为乔木根、枝、叶、花和果实的生物量，kg/m^2 或 t/hm^2；C_r，C_s，C_f，C_i，C_f 分别为灌木根、枝、叶、花和果实的碳含量，%。

草本碳贮量采用以下公式进行计算：

$$C_h = B_r \cdot C_r + B_l \cdot C_l \tag{24-6}$$

式中，B_r，B_l 为草本根和地上部分的生物量，kg/m^2 或 t/hm^2；C_r，C_l 为草本根系和

地上部分的碳含量,%。

（2）凋落物贮量的计算

凋落物碳贮量按以下公式进行计算：

$$C_d = S_d \cdot C_d \tag{24-7}$$

式中，C_d 为凋落物的积累量，kg/m^2 或 t/hm^2；C_d 为凋落物的碳含量,%。

（3）土壤有机碳贮量的计算

土壤有机碳贮量采用以下公式进行计算：

$$SOC = \sum_{i}^{n} SOCD_i \tag{24-8}$$

式中，SOC 为土壤有机碳贮量，kg/m^2，$SOCD_i$ 为第 i 层土壤的碳贮量，kg/m^2。

土壤剖面中第 i 层土壤的有机碳贮量 $SOCD_i$ 的计算方法如下：

$$SOCD_i = 10 \times SBD \times h \times C_i \times (1 - S_i) \tag{24-9}$$

式中，SBD 为土壤容重，g/cm^3；h 为第 i 层土壤的厚度，cm；C_i 为第 i 层土壤的含碳量,%；S_i 为第 i 层土壤的石砾含量,%。

（4）森林生态系统碳贮量的计算

森林生态系统的碳贮量计算公式为：

$$C_{fs} = C_b + C_d + SOC \tag{24-10}$$

式中，C_{fs} 为森林生态系统的碳贮量，kg/m^2 或 t/hm^2；C_b，C_d，SOC 分别为生物碳贮量、凋落物碳贮量和土壤碳贮量，kg/m^2 或 t/hm^2。

24.6 案例

戎建涛（2014）以黑龙江省丹清河试验林场典型的针叶混交林、阔叶混交林、针阔混交林为研究对象，研究了3种不同经营模式，包括目标树经营、粗放经营、无干扰对森林生态系统碳贮量的影响，探讨了不同经营模式对森林碳贮量的影响机制。该研究主要研究结果见表24-1。

该研究发现，林分碳贮量由高到低分别为目标树经营（162.74~205.85t/hm²）、无干扰（128.88~150.47 t/hm²）、粗放经营（107.59~130.57 t/hm²），且目标树经营与无干扰、粗放经营的碳贮量差异显著（$P < 0.05$）。同时，林分中土壤层有机碳所占比重最大，为（57.33%~70.38%），其次为乔木层（28.01%~39.83%），然后分别为凋落物层（0.50%~2.69%）、灌木层（0.21%~1.00%）、草本层（0.07%~0.56%）。土壤层碳贮量由高到低分别为目标树经营、无干扰、粗放经营，0~20 cm 土层碳含量和碳贮量比重最大。乔木层碳贮量由高到低分别为目标树经营、无干扰、粗放经营，目标树经营与无干扰、粗放经营差异显著（$P < 0.05$），干材碳贮量最大，占乔木层碳贮量的46.58%~54.72%。灌木层、草本层碳贮量的则为无干扰、粗放经营和目标树经营，无干扰与粗放经营、目标树经营差异均显著（$P < 0.05$）。凋落物层碳贮量以目标树经营为最大，其次为粗放经营和无干扰。通过以上结果，作者得出结论：目标树经营能够增加林分、土壤、乔木层碳贮量，是提高东北天然次生林碳汇功能的重要经营模式。

表 24-1　不同经营模式下森林生态系统碳贮量及其分配

林分类型	经营模式	总碳贮量 （t/hm²）	乔木层 （%）	灌木层 （%）	草本层 （%）	凋落物层 （%）	土壤 （%）
针叶混交林	粗放经营	107.59	29.23	0.20	0.24	1.07	69.26
	目标树经营	174.75	39.39	0.08	0.18	1.25	59.10
	无干扰经营	128.88	35.99	0.27	1.00	0.85	61.89
阔叶混交林	粗放经营	123.24	30.86	0.79	0.23	0.42	67.71
	目标树经营	205.85	30.58	0.21	0.07	0.50	68.65
	无干扰经营	150.47	28.01	0.68	0.25	0.67	70.38
针阔混交林	粗放经营	130.57	32.01	0.28	0.36	1.36	65.99
	目标树经营	162.74	39.62	0.15	0.22	2.69	57.33
	无干扰经营	140.35	39.83	0.56	0.66	1.43	57.52

24.7　思考题

（1）为什么说森林是一个碳库？森林碳库包括哪些部分？

（2）如何基于森林的碳贮量调查评价森林的碳汇作用？

（3）如何提高森林生态系统的碳贮量和碳汇作用？

25　森林群落演替趋向分析

25.1　背景知识

　　森林群落演替是指在一定地段上，一种森林群落为另一种森林群落所取代的过程。导致森林群落演替发生的原因包括内部因素和外部因素。内部因素是指导致森林演替的原因来自森林群落内部。主要包括两个方面，一方面是森林群落建群种对森林环境条件的改变；另一方面，是不同树种的生态学特性不同，对于改变了的森林环境具有不同的适应能力。例如，在一个采伐迹地上，先锋树种白桦率先入侵定居成功，形成以白桦为建群种的先锋群落——白桦林。白桦林郁闭后，形成阴暗、潮湿的林内环境，但是白桦是一个喜光树种，其不能适应这种遮阴环境，因此在林下环境中无法完成天然更新过程，而云杉等耐阴能力比较强的树种则可以在白桦林下正常生长。因此，当上层的白桦逐渐衰退后，云杉将取代白桦称为森林的建群种，从而导致森林群落演替的发生。外部因素则是指来自森林外部的因素导致的森林群落演替的发生。最常见的外部因素是各种自然干扰或人为干扰。干扰是指发生在一定地理位置上，对生态系统结构造成直接损伤的、非连续的的物理作用或事件，如火灾、风害、病虫害等。例如，林火导致森林群落退化为以灌草为主的生物群落就是由外部因素导致的群落演替过程。

　　准确判断森林群落的演替过程是实现森林科学经营的关键，因此，林业生产中经常需要对林分的演替趋向进行调查。森林演替趋向是根据群落内各树种在各层次中所处地位（占优势或劣势的程度），并结合树种的生物学和生态学特性及立地条件综合分析，来确定某些树种在该群落中属进展种或衰退种（消退种）。这样基本上就可以判断森林群落的"前世""今生"，并对森林群落未来的发展趋向作出判断。

　　判断森林演替趋势的主要方法是分层频度法，即将森林群落分为三层，由低到高分别

图 25-1　森林群落的分层

为更新层、演替层和主林层，然后调查每层中出现的林木种类及其频度，判断林分中的衰退种及进展种。进展种有可能取代衰退种成为未来森林群落的建群种。在更新层或演替层中频度很高，但在主林层中较少，甚至没有的树种，而其生物学、生态学特性与该立地条件适应的树种属进展种，它们是将来群落的主要组成者；按照更新层、演替层、主林层，依次递减地出现在各层中的树种属于巩固种；凡是在主林层中频度较高，而在下层很少或根本没有，这些树种属于衰退种，它往往是前一个阶段群落的建群种(王议泓等，1990)。

也可以采用径阶法来进行森林演替过程的分析。森林群落中，一个林木种群的年龄结构能够表明各种群的未来发展趋势，具有发展型的年龄结构的种群是进展种，具有衰退型的年龄结构的种群为衰退种，而具有稳定型年龄结构的种群则为稳定的种群。但是调查时，林木年龄难以测定，可根据林木胸径与年龄呈正比的关系，调查林木的胸径，由径阶结构来反映种群的年龄结构，对森林中各种群的发展趋势进行预测。

25.2　实习目的

深入理解森林群落演替的概念，掌握根据林分的结构及树种的生物学特性与生态学特性判断森林群落演替趋向的方法。

25.3　实习工具

测绳、皮尺、钢卷尺、测高器。

25.4　实习过程

25.4.1　频度法

(1)选择蒙古栎天然次生林为调查对象。

(2)将蒙古栎天然次生林在垂直方向上分为三层(上、中、下)，即主林层、演替层、更新层。1 m 以下为更新层，1 m 到主林层的下限为演替层。

(3)在蒙古栎林内按照机械布点的方法布设 2 m×2 m 的小样方，数量不低于 25 个。

(4)在每一样方中，分层次调查各树种出现与否，并计入下表 25-2 中。

表 25-2　分层频度调查表

地点：　　　　群落类型：　　　　地理坐标：　　　　坡向：　　　　坡度：　　　　坡位：
郁闭度：　　　　班级：　　　　组别：　　　　记录人：　　　　日期：

树种	1			2			…	25		
	更新层	演替层	主林层	更新层	演替层	主林层	…	更新层	演替层	主林层
蒙古栎										
白桦										
黑桦										
椴树										
山杨										
…										

25.4.2 径阶法

（1）在蒙古栎天然次生林中设置 50 m×50 m 的标准地。

（2）在标准地内，进行每木检尺，调查标准地内出现的树种及其胸径大小，填入表 25-3。

（3）根据每木检尺数据，按树木胸径分组，分组标准见表 25-4。统计各树种在各径阶组中的株数比例。然后根据株树比例分析各树种的发展趋势，确定出展种和衰退种。

表 25-3　林木径阶调查表

地点：　　　　　群落类型：　　　　地理坐标：　　　坡向：　　　　　坡度：　　　　坡位：
郁闭度：　　　　班级：　　　　　　组别：　　　　　记录人：　　　　日期：

径阶	树种 1	树种 2	树种 3	树种 4	……
2					
4					
6					
8					
10					
12					
14					
16					
18					
20					
…					

表 25-4　林木径阶分级方法

树种	径阶				
	I	II	III	IV	V
针叶树	0~6	8~10	12~16	18~22	>24
阔叶树	0~4	6~8	10~14	16~20	>22

25.5　实习结果分析

25.5.1　频度法

根据表 25-2 对各个层次中出现的树种的频度进行统计。频度按式（25-1）进行计算，并将计算结果记入表 25-5。然后根据各层中不同树种的频度来分析群落演替未来的趋势。在主林层频度比较大，但在演替层和更新层频度较低的树种为衰退种；在主林层频度较低或没有，但在演替层和更新层频度较高，且生态学特性与立地条件和林分条件相适应的树种为进展种；在各层中频度分配不规律，偶尔看到的树种为随遇种。

衰退种是在演替过程将逐渐被淘汰的树种，进展种将成为未来森林群落的建群种，标志着未来森林群落演替的方向，而巩固种将成为重要的伴生种。在本例中，进展种为水曲柳、色木、榆树，衰退种为桦树、山杨。

$$频度(\%) = \frac{某树种出现的次数}{标准地内小样方数} \times 100 \tag{25-1}$$

表 25-5 各树种分层频度

树种	更新层	演替层	主林层
水曲柳	70	35	15
榆树	50	40	5
色木	55	25	
椴树	50	65	25
山杨		10	65
枫桦			40

25.5.2 径阶法

由林木调查表做径阶结构图（图 25-2），根据各树种的径阶结构分析各树种的发展趋势，确定哪些是进展种，哪些是衰退种。

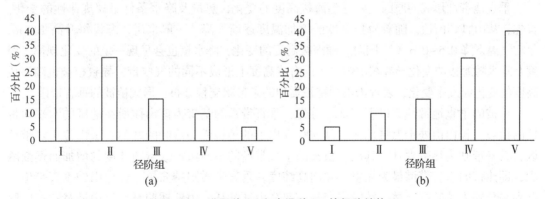

图 25-2 进展种(a)和衰退种(b)的径阶结构

25.6 思考题

（1）从森林演替的角度，可以将森林分为哪几个层次？

（2）如何判断林分中的衰退种和进展种？

（3）本次实习所调查的林分中，哪些树种是进展种？哪些树种是衰退种？

26   雾灵山植被垂直带谱的观察

26.1   背景知识

植被是一个地区植物群落的总称，能够反映一个地区主要气候特征的顶极植被类型称为地带性植被，地带性植被的类型取决于当地的气候特征——主要是水分和热量条件。在地球表面，降水与温度随纬度、经度以及海拔的变化呈现有规律的变化，从而导致植被呈现出规律性变化。随着地球表面各地环境条件的规律性变化，植被类型呈现有规律的带状分布，这种规律表现在纬度、经度和垂直方向上，称为植被分布的三向地带性。其中，植被类型沿纬度和经度方向的有规律分布称为植被分布的水平地带性；植被随海拔的增高而呈现规律性变化称为植被分布的垂直地带性。

垂直地带性形成的原因主要是随海拔高度的变化，热量及降水条件呈现规律性的变化。首先，从山脚到山顶，随着海拔高度的增加温度逐渐下降。一般来讲，海拔每升高 100 m，年均气温下降 0.5~0.6 ℃。同时，随海拔高度的变化，降水量也会呈现一定的变化规律。温度及降水随海拔的变化导致在山体的不同海拔高度上形成不同的气候带，导致植被也随海拔高度的变化而发生变化，表现为不同植被类型的条带状交替分布，形成植被的垂直带谱。

植被的垂直地带性有以下特征。首先，垂直带谱的基带为该山体所在地区的水平地带性的植被。长白山处于温带地区，其 500 m 以下的植被带为落叶阔叶林；玉山位于热带地区，其基带则为热带雨林。其次，植被的垂直带谱的中的植被数量随纬度的增加而逐渐减少，即热带的垂直带谱最为完整，越向高纬度，垂直带谱则越简单。长白山的垂直带谱由低到高分别为落叶阔叶林、针阔混交林、亚高山针叶林、山地矮曲林、高山灌丛；玉山则为热带雨林、山地雨林、山地常绿阔叶林、山地暖温带针叶林和针阔混交林、亚高山寒温带针叶林、亚高山灌丛和亚高山草甸，包括了各种地带性植被类型，形成了完整的植被垂直带谱。最后，垂直带谱与植被的纬度方向的水平分布具有明显的对应性。

雾灵山的植被垂直带谱非常明显(表 26-1)，随海拔的升高，陆续出现的植被类型为松栎林带、落叶阔叶林带、针阔混交林带、寒温带针叶林带、亚高山草甸带(王德义等，2003)。

松栎林带：该植被带在北坡位于 1000 m 以下，南坡位于 1200 m 以下。该带气候温暖干旱，土壤以褐土为主，随海拔升高会出现淋溶褐土和棕色森林土。该带的植被以天然油松林为主，并有一定数量的油松人工林的分布。其次为蒙古栎、辽东栎与油松的混交林，以及以蒙古栎林、辽东栎为主的栎林，同时还有少量的核桃楸林、大叶白蜡林、侧柏林的分布。该植被带由于所处海拔较低，受人为干扰严重，所以也有灌丛、灌草丛，甚至经济林和农田的分布。林下的灌木主要有胡枝子、小叶鼠李、山杏、锦鸡儿、绒毛绣线菊、三裂绣线菊、小花溲疏、毛榛等；草本则主要有披针叶薹草、柴胡、糙苏、瓣蕊唐松草、银背风毛菊、玉竹、拂子茅、射干等。

表 26-1 雾灵山植被的垂直带谱分布

北　　坡		南　　坡	
海拔	植被类型	海拔	植被类型
<1000 m	松栎林带	<1200 m	松栎林带
1000~1600 m	落叶阔叶林带	1200~1600 m	落叶阔叶林带
1600~1700 m	针阔混交林带	1600~1700 m	针阔混交林带
海拔	植被类型	海拔	植被类型
<1000 m	松栎林带	<1200 m	松栎林带
1700~1900 m	寒温带针叶林带	1700~1800 m	寒温带针叶林带
>1900	亚高山草甸带	>1800	亚高山草甸带

　　落叶阔叶林带：在北坡位于 1000~1600 m，南坡位于 1200~1600 m。该植被气候温暖湿润，土壤为棕色森林土，土壤深厚肥沃。主要的植被类型有山杨林、白桦林、硕桦林、杨桦混交林、椴树林和落叶阔叶混交林。其中落叶阔叶混交林没有明显优势种，主要由栎属、椴属、榆属、桦木属、杨属、槭属的一些树种组成。该植被带的林下灌木主要有毛榛、锦带花、东陵八仙花、小花溲疏、胡枝子、北京丁香等；草本主要有升麻、沙参、糙苏、龙牙草、细叶薹草、宽叶薹草、舞鹤草等。

　　针阔混交林：该带为落叶阔叶林向针叶林的过渡带。主要组成树种有华北落叶松、青杆、白杆、白桦、硕桦、棘皮桦、花楸和五角枫等。林下灌木主要有忍冬、六道木、锦带花、东陵八仙花等；草本层则主要有披针叶薹草、银背风毛菊、东北风毛菊、宽叶薹草、藜芦等。

　　寒温带针叶林：该植被带气候寒冷，昼夜温差大，风大，土壤为棕色森林土。该带的主要森林类型为华北落叶松林、华北落叶松云杉混交林，以及云杉纯林。华北落叶松林的伴生树种有青杆、白杆、硕桦、白桦等；林下灌木主要有六道木、金花忍冬、红丁香、锦带花、毛榛、风箱果、东陵八仙花、迎红杜鹃等；草本植物主要有金莲花、升麻、大叶章、北重楼、银背风毛菊和华北风毛菊等。云杉林的伴生树种主要有华北落叶松、硕桦等；灌木与华北落叶松林相似；草本主要有华北风毛菊、东北风毛菊、糙苏、舞鹤草、宽叶薹草等。华北落叶松云杉混交林的优势种为华北落叶松、青杆、白杆等，伴生树种有硕桦、棘皮桦、五角枫等，林下植物与另外两种森林类型相似。

　　亚高山草甸：分布于海拔 1800 m 和 1900 m 以上。该植被带温度低、光照充足、多风，土壤为亚高山草甸土。草本为植被的优势层片，主要的草本植物有阿尔泰三芒草、金莲花、银莲花、高山蓼、地榆、拳蓼、瓣蕊唐松草、翠雀、硬质早熟禾等，零星分布的灌木有六道木、金露梅、锦带花、东北茶藨子等，同时偶见呈矮化状的华北落叶松和白杆。

26.2　实习目的

　　通过对雾灵山植被垂直带谱的观察，认识植被的垂直分布规律及其与海拔高度的关系，并了解在海拔梯度上不同群落类型的生长状况及结构特征。

26.3 实习工具

GPS、罗盘仪、胸围尺、测高器、皮尺、钢卷尺、测绳。

26.4 实习过程

乘车到达雾灵山的山顶，然后步行下山。下山途中沿途观察看到的不同植被类型。对每一种植被类型的物种组成、林分郁闭度、生长状况等特征进行调查。注意观察华北落叶松、油松和蒙古栎等典型树种出现和消失海拔高度。

在每一种植被类型中，首先用 GPS 和罗盘仪测定该植被类型的海拔高度、坡度和坡向，并记录到调查表格中。然后，设置 20 m×20 m 的临时样地，在样地内进行每木检尺，调查每株乔木的种类、胸径和树高。同时，在该临时样地内分别设置 3 个 2 m×2 m 的灌木调查样方和 5 个 1 m×1 m 的草本调查样方，对灌木和草本的物种组成进行调查，同时估计每种植物的盖度。所有调查数据记录在调查表格中（表 26-2）。

表 26-2　雾灵山垂直带谱的观察记录表

班级：　　　　组别：　　　　记录人：　　　　日期：

群落类型	物种组成	胸径	高度	种盖度	群落盖度	海拔	坡度	坡向
群落1	乔木							
	…							
	灌木							
	…							
	草本							
	…							
群落2	乔木							
	…							
	灌木							
	…							
	草本							
	…							
…	乔木							
	…							
	灌木							
	…							
	草本							
	…							

26.5 实习结果分析

（1）根据调查结果，做出雾灵山垂直带谱分布的示意图。

（2）比较分析垂直带谱中各群落类型的物种组成、建群种及其生长状况的差异。

26.6 思考题

(1)假设雾灵山从未受到任何严重的人为干扰，由低到高应该存在哪些植被类型？

(2)从下往上走时，华北落叶松出现的海拔高度是多少？从上往下走时，油松出现的海拔高度是多少？

(3)雾灵山树木线、森林线的海拔高度是多少？森林线和树木线附近看到了哪些树种？其形态特征与较低海拔地区相比有何不同？

(4)本次实习从山顶到驻地，观察到了哪些森林植被类型？其群落特征如何？

参考文献

陈泓，黎燕琼，郑绍伟，等，2007. 岷江上游干旱河谷灌丛群落种2面积曲线的拟合及最小面积确定 [J]. 生态学报，27(5)：1818-1825.

陈吉泉，阳树英，2014. 陆地生态学研究方法[M]. 北京：高等教育出版社.

代力民，王青春，邓红兵，等，2002. 二道白河河岸带植物群落最小面积与物种丰富度[J]. 应用生态学报，13(6)：641-645.

付必谦，2006. 生态学实验原理与方法[M]. 北京：科学出版社.

付荣恕，刘林德，2005. 生态学实验教程[M]. 北京：科学出版社.

高润梅，石晓东，郭跃东，等，2015. 文峪河上游华北落叶松林的种子雨、种子库与幼苗更新[J]. 生态学报，35(11)：3588-3597.

国庆喜，孙龙，2010. 生态学野外实习手册[M]. 北京：高等出版社.

韩有志，王政权，2002. 森林更新与空间异质性[J]. 应用生态学报，13(5)：615-619.

胡正华，钱海源，于明坚，2009. 古田山国家级自然保护区甜槠林优势种群生态位[J]. 生态学报，29(7)：3670-3677.

黄采艺，文仕知，周维，等，2015. 不同林龄西藏林芝云杉的生物量和生产力[J]. 中南林业科技大学学报，35(8)：81-87，93.

贾全全，罗春旺，刘琪璟，等，2015. 不同林分密度油松人工林生物量分配模式[J]. 南京林业大学学报（自然科学版），39(6)：87-92.

江洪，1992. 云杉种群生态学[M]. 北京：中国林业出版社.

江焕，张辉，龙文兴，等，2019. 金钟藤入侵群落的种间联结及生态位特征[J]. 生物多样性，27(4)：388-399.

李俊清，2006. 森林生态学[M]. 北京：高等教育出版社.

李倩茹，许中旗，许晴，等，2009. 燕山西部山地灌木群落凋落物积累量及其持水性能研究[J]. 水土保持学报，24(2)：75-78.

李霄峰，胥晓，王碧霞，等，2012. 小五台山森林落叶层对天然青杨种群更新方式的影响[J]. 植物生态学报，36(2)：109-116.

李亚男，许雪飞，许中旗，等，2015. 抚育间伐对燕山北部山地林内小气候的影响[J]. 中南林业科技大学学报，35(11)：121-127.

李艳，齐锦秋，裴曾莉，等，2016. 人为干扰对碧峰峡栲树次生林群落物种多样性及其优势种群生态位的影响[J]. 生态学报，36(23)：7678-7688.

李镇清，1999. 克隆植物构型及其对资源异质性的响应[J]. 植物学报，41(8)：893-895.

林国俊，黄忠良，竺琳，等，2010. 鼎湖山森林群落β多样性[J]. 生态学报，30(18)：4875-4880.

林立文，邓羽松，李佩琦，等，2020. 桂北地区不同密度杉木林枯落物与土壤水文效应[J]. 水土保持学报，34(5)：200-207，215.

刘兵兵，赵鹏武，周梅，等，2019. 林窗对大兴安岭南段杨桦次生林林下更新特征的影响[J]. 林业资源管理(4)：31-36，45.

刘灿然，马克平，于顺利，等，1998. 北京东灵山地区植物群落多样性研究Ⅶ. 几种类型植物群落临界抽样面积的确定[J]. 生态学报，18(1)：15-23.

刘国军，张希明，李建贵，等，2010. 准噶尔盆地东南缘天然更新梭梭苗期动态生命表及生存分析[J]. 干旱区研究，27(01)：83-87.

刘少冲，段文标，冯静，等，2011. 林隙对小兴安岭阔叶红松林树种更新及物种多样性的影响[J]. 应用生态学报，22(6)：1381-1388.

刘晓娟，马克平，2015. 植物功能性状研究进展[J]. 中国科学：生命科学，45(4)：325-339.

刘志理，金光泽，2015. 利用凋落物法和林木因子模拟小兴安岭阔叶红松林叶面积指数[J]. 生态学报，35(10)：3190-3198.

娄安如，牛翠娟，2005. 基础生态学实验指导[M]. 北京：高等教育出版社.

罗璐，申国珍，谢宗强，等，2011. 神农架海拔梯度上4种典型森林的乔木叶片功能性状特征[J]. 生态学报，31(21)：6420-6428.

马克平，刘灿然，刘玉明，1995. 生物群落多样性的测度方法Ⅱ β多样性的测度方法[J]. 生物多样性，03(1)：38-43.

孟婷婷，倪健，王国宏，2007. 植物功能性状与环境和生态系统功能[J]. 植物生态学报，31(1)：150-165.

盘远方，陈兴彬，姜勇，等，2018. 桂林岩溶石山灌丛植物叶功能性状和土壤因子对坡向的响应[J]. 生态学报，38(5)：1581-1589.

裴保华，蒋湘宁，郑均宝，1990. 林分密度对I-69杨树冠结构和光能分布的影响[J]. 林业科学研究，3(3)：201-206.

任学敏，杨改河，秦晓威，等，2012. 巴山冷杉—牛皮桦混交林乔木更新及土壤化学性质对更新的影响[J]. 林业科学，48(1)：1-6.

戎建涛，何友均，2014. 不同森林经营模式对丹清河林场天然次生林碳贮量的影响[J]. 林业科学，50(9)：26-35.

申家朋，张文辉，李彦华，等，2015. 陇东黄土高原沟壑区刺槐和油松人工林的生物量和碳密度及其分配规律[J]. 林业科学，51(4)：1-7

宋永昌，2001. 植被生态学[M]. 上海：华东师范大学出版社.

孙梅，田昆，张贇，等，2017. 植物叶片功能性状及其环境适应研究[J]. 植物科学学报，35(6)：940-949.

汤景明，训儒，易咏梅，等，2012. 鄂西南木林子常绿落叶阔叶混交林恢复过程中优势树种生态位动态[J]. 生态学报，32(20)：6334-6342.

田俣霄，魏丽萍，何念鹏，等，2018. 温带针阔混交林叶片性状随树冠垂直高度的变化规律[J]. 生态学报，38(23)：8383-8391.

王伯荪，余世孝，彭少麟，等，1996. 植物群落学实验手册[M]. 广州：广东高等教育出版社.

王道亮，李卫忠，曹铸，等，2016. 黄龙山天然次生林辽东栎种群空间格局[J]. 生态学报，36(9)：2677-2685.

王德义，李东义，冯学泉，2003. 暖温带森林生态系统[M]. 北京：中国林业出版社.

王世彤，徐耀粘，杨腾，等，2020. 微生境对黄梅秤锤树野生种群叶片功能性状的影响[J]. 生物多样性，28(3)：277-288.

王雪峰，陆元昌，2013. 现代森林测定法[M]. 北京：中国林业出版社.

王义弘，王政权，李俊清，1990. 森林生态学实验实习方法[M]. 哈尔滨：东北林业大学出版社.

吴志芬，王合生，1995. 无样地法在山东杂木林群落调查中的应用[J]. 山东师大学报(自然科学版)，

10(2)：178-181.

谢立红，黄庆阳，曹宏杰，等，2019. 五大连池火山色木槭叶功能性状特征[J]. 生物多样性，27(3)：286-296.

谢宗强，陈伟烈，刘正宇，等，1999. 银杉种群的空间分布格局[J]. 植物学报，41(1)：95-101.

许建伟，沈海龙，张秀亮，等，2010. 我国东北东部林区花楸树的天然更新特征[J]. 应用生态学报，21(1)：9-15.

许中旗，李文华，刘文忠，等，2006. 我国东北地区蒙古栎林生物量及生产力的研究[J]. 中国生态农业学报，14(3)：21-24.

许中旗，李文华，许晴，等，2008. 禁牧对锡林郭勒典型草原物种多样性的影响[J]. 生态学杂志，27(8)：1307-1312.

杨晓艳，张世雄，温静，等，2018. 吕梁山森林群落草本层植物物种多样性的空间格局及其对模拟增温的响应[J]. 生态学报，38(18)：6642-6654.

杨子松，2012. 岷江上游干旱河谷荒坡主要植物种群种间关联性分析[J]. 林业资源管理(4)：55-61.

袁志良，王婷，朱学灵，2011. 宝天曼落叶阔叶林样地栓皮栎种群空间格局[J]. 生物多样性，19(2)：224-231.

张会儒，雷向东，等，2014. 典型森林类型健康经营技术研究[M]. 北京：中国林业出版社.

张金屯，1995. 植被数量生态学方法[M]. 北京：中国科学技术出版社.

张树梓，李梅，张树彬，等，2015. 塞罕坝华北落叶松人工林天然更新影响因子[J]. 生态学报，35(16)：5403-5411.

赵欣鑫，巨天珍，杨斌，等，2017. 小陇山国家级自然保护区云杉种群结构和空间分布格局分析[J]. 山地学报，35(4)：444-450.

赵阳，曹秀文，李波，等，2020. 甘肃南部林区4种天然林种群结构特征[J]. 林业科学，56(9)：21：29.

中国生态系统研究网络科学委员会，2007. 陆地生态系统生物观测规范[M]. 北京：中国环境科学出版社.

朱教君，刘足根，王贺新，2008. 辽东山区长白落叶松人工林天然更新障碍分析[J]. 应用生态学报，19(4)：695-703.

朱志红，李金钢，2014. 生态学野外实习指导[M]. 北京：科学出版社.

祝介东，孟婷婷，倪健，等，2011. 不同气候带间成熟林植物叶性状间异速生长关系随功能型的变异[J]. 植物生态学报，35(7)：687-698.

Violle C, Navas M L, Vile D, *et al.*, 2007. Let the concept of trait be functional[J]. Oikos, 116：882-892.

附录 雾灵山植物名录

一、苔藓植物门 BRYOPHYTA

角苔科 Anthocerotaceae

1	角苔	*Anthoceros laevis*

叉苔科 Metzgeriaceae

2	长梗叉苔	*Metzgeria longifrondis*
3	毛叉苔	*M. pubesceus*

小叶苔科 Fossombroniaceae

4	纤小叶苔	*Fossombronia pusilla*

大萼苔科 Cephaloziaceae

5	钝瓣大萼苔	*Cephalozia ambigua*

齿萼苔科 Lophocoleaceae

6	全缘齿萼苔	*Lophocolea compacta*
7	尖叶齿萼苔	*L. cuspidata*
8	异叶齿萼苔	*L. heterophylla*
9	芽胞齿萼苔	*L. minor*

羽苔科 Plagiochilaceae

10	羽苔	*Plagiochila asplenioides*
11	钟蒴羽苔	var. *miyoshiana*
12	延叶羽苔	*P. semidecurrens*

裂叶苔科 Lophoziaceae

13	细裂瓣苔	*Barbilophozia barbata*

叶苔科 Jungermanniaceae

14	叶苔	*Jungermannia lanceolata*

扁萼苔科 Radulaceae

15	扁萼苔	*Radula complanata*
16	长枝扁萼苔	*R. aquilegia*
17	大瓣扁萼苔	*R. cavifolia*
18	林氏扁萼苔	*R. lindbergiana*

光萼苔科 Porellaceae

19	毛缘光萼苔	*Porella vernicosa*
20	心叶光萼苔	*P. cordaeana*
21	细枝光萼苔	*P. gracillima*
22	陈氏光萼苔	*P. chinensis*
23	亮叶光萼苔	*P. nitens*
24	光萼苔	*P. pinnata*
25	温带光萼苔	*P. platyphylla*

耳叶苔科 Frullaniaceae

26	楔形耳叶苔	*Frullania delavayii*
27	石生耳叶苔	*F. inflata*
28	鹿耳岛耳叶苔	*F. kagoshimensis*
29	盔瓣耳叶苔	*F. muscicola*
30	喙瓣耳叶苔	*F. pedicellata*
31	原瓣耳叶苔	*F. riparia*
32	皱叶耳叶苔	*F. squarrosa*

皮叶苔科 Targioniaceae

33	皮叶苔	*Targionia hypophylla*

石地钱科 Rebouliaceae

34	短托柄花萼苔	*Asterella sanoana*
35	东亚花萼苔	*A. yoshinagana*
36	西伯利亚疣冠苔	*Grimaldia sibirica*
37	无纹紫背苔	*Plagiochasma intermedium*
38	紫背苔	*P. ruspestre*
39	石地钱	*Reboulia hemisphaerica*

星孔苔科 Sauteriaceae

40	中华克氏苔	*Clevea chinensis*

蛇苔科 Conocephalace

41	蛇苔	*Conocephalum conicum*

地钱科 Marchantiaceae

42	地钱	*Marchantia polymorpha*

牛毛藓科 Ditrichaceae

43	黄牛毛藓	*Ditrichum pallidium*
44	细叶牛毛藓	*D. pusillum*
45	对叶藓	*Distichium capillaceum*

曲尾藓科 Dicranaceae

46	白叶藓	*Brothera leana*
47	曲尾藓	*Dicranum scoparium*
48	直毛藓	*D. montanum*
49	直叶曲尾藓	*D. spadiceum*
50	皱叶曲尾藓	*D. undulatum*
51	粗肋曲尾藓	*D. perindudum*
52	大曲背藓	*Oncophorus virens*
53	山曲背藓	*O. wahlenbergii*
54	合睫藓	*Symbleparis virens*

细叶藓科 Seligeraceae

55	小穗藓	*Blindia acuta*
56	东亚小穗藓	var. *japonica*

凤尾藓科 Fissidentaceae

57	欧洲凤尾藓	*Fissidens osmundoides*
58	凤尾藓	*F. bryoides*
59	多枝小凤尾藓	var. *ramosissimus*
60	卷叶凤尾藓	*F. cristatus*
61	带岭凤尾藓	*F. taelingeesis*
62	大叶凤尾藓	*F. grandifrons*
63	粗柄凤尾藓	*F. crassipes*
64	薄叶凤尾藓	*F. hyalinus*
65	车氏凤尾藓	*F. zollingeri*

大帽藓科 Encalyptaceae

66	裂瓣大帽藓	*Encalypta ciliata*

丛藓科 Pottiaceae

67	侧立藓	*Pleuroweisia schliephackei*
68	拟合睫藓	*Pseudosymblephar angustata*
69	硬叶拟合睫藓	*P. subdurriuscuda*
70	丛本藓	*Anoectangium aestivum*

71	卷叶丛本藓	*A. thomsonii*
72	扭叶丛本藓	*A. stracheyanum*
73	酸土藓	*Oxystegus cylindricus*
74	小酸土藓	*O. cuspidatus*
75	小石藓	*Weisia controversa*
76	矮株小石藓	var. *minutissima*
77	短叶小石藓	*W. semipallida*
78	缺齿小石藓	*W. edentula*
79	有边无疣赤藓	*Syntrichia mucronifolia* var. *marginata*
80	小反扭藓	*Timmiella diminuta*
81	反扭藓	*T. anomala*
82	砂地石灰藓	*Hydrogonium arcuatum*
83	卷叶湿地藓	*Hyophila involuta*
84	芽胞湿地藓	*H. propagulifera*
85	高山毛氏藓	*Molendoa sendtneriana*
86	短叶扭口藓	*Barbula tectorum*
87	反叶扭口藓	*B. reflexa*
88	土生扭口藓	*B. vinealis*
89	扭口藓	*B. unguiculata*
90	灰土扭口藓	*B. tophacea*
91	云南扭口藓	*B. tenii*
92	尖叶扭口藓	*B. constricta*
93	溪边扭口藓	*B. rivicola*
94	沙地扭口藓	*B. arcuata*
95	红叶藓	*Bryoerythrophyllum recurvirostrum*
96	无齿红叶藓	*B. gymnostomum*
97	云南红叶藓	*B. yunnanense*
98	橙色净口藓	*Gymnostomum aurantiacum*
99	小墙藓	*Weisiopsis anomala*
100	链齿藓	*Desmatodon laureri*
101	折叶扭藓	*Tortella fragilis*
102	墙藓	*Tortula muralis*
103	中华墙藓	*T. sinensis*

104	无疣墙藓	*T. mucronifolia*	135	波叶走灯藓	*P. undulatum*
105	阔叶毛口藓	*Trichostomum platyphyllum*	136	扇叶走灯藓	*P. unctulatum*

紫萼藓科 Grimmiaceae

106	紫萼藓	*Grimmia commutata*	137	尖叶走灯藓	*P. cuspidatum*
107	直叶紫萼藓	*G. elatior*	138	钝叶走灯藓	*P. rostratum*
108	高山紫萼藓	*G. alpicola*	139	密叶走灯藓	*P. confertidens*
109	圆蒴紫萼藓	*G. apocarpa*	140	长齿走灯藓	*P. drummondii*
110	细枝圆蒴紫萼藓	*G. apocarpa* var. *gracile*			

葫芦藓科 Funariaceae

111	卷边紫萼藓	*G. donniana*	141	立碗藓	*Physcomitrium sphaericum*
112	卷叶紫萼藓	*G. iucura*	142	葫芦藓	*Funaria hygrometrica*
113	吉林紫萼藓	*G. kiriensis*	143	暖地葫芦藓	var. *calvescens*
114	卵叶紫萼藓	*G. ovalis*			

珠藓科 Bartramiaceae

115	毛尖紫萼藓	*G. pilifera*	144	毛叶泽藓	*Philonotis lancifolia*

缩叶藓科 Ptychomitriaceae

树生藓科 Erpodiaceae

116	中华缩叶藓	*Ptychomitrium sinense*	145	钟帽藓	*Venturiella sinensis*
			146	中华木衣藓	*Drummondia sinensis*

真藓科 Bryaceae

			147	宽叶木衣藓	*D. prorepens* var. *latifolia*
117	丝瓜藓	*Pohlia cruda*	148	日本蓑藓	*Macromitrium japonicum*
118	银藓	*Anomobryum filiforme*			

虎尾藓科 Hedwigiaceae

119	真藓	*Bryum argenteum*	149	虎尾藓	*Hedwigia ciliata*
120	刺叶真藓	*B. clathratum*			

白齿藓科 Leucodontaceae

121	垂蒴真藓	*B. uliginosum*	150	白齿藓	*Leucodon sciuroides*
122	极地真藓	*B. arctium*	151	垂悬白齿藓	*L. pendulus*
123	高山真藓	*B. alpinum*			

平藓科 Neckeraceae

124	灰黄真藓	*B. pallens*	152	平藓	*Neckera pennata*
125	黄色真藓	*B. pallenscens*	153	扁枝藓	*Homalia trichomanoides*
126	薄囊藓	*Leptobryum pyriforme*			

万年藓科 Climaciaceae

127	大叶藓	*Rhodobryum roseum*	154	万年藓	*Climacium dendroides*
			155	东亚万年藓	*C. japonicum*

提灯藓科 Mniaceae

鳞藓科 Theliaceae

128	无疣灯藓	*Trachycystis ussuriensis*	156	钝叶小鼠尾藓	*Myurella julacea*
129	刺叶提灯藓	*Mnium spinosum*	157	东亚碎米藓	*Fabronia matsumurae*
130	具缘提灯藓	*M. marginatum*	158	八齿碎米藓	*F. ciliaris*
131	偏叶提灯藓	*M. thomsonii*	159	拟附干藓	*Schwetschkeopsis fabronia*
132	异叶提灯藓	*M. heterophyllum*			

薄罗藓科 Leskeaceae

133	拟扇叶提灯藓	*M. pseudo-punctatum*	160	假细罗藓	*Pseudoleskeella catenulata*
134	侧枝走灯藓	*Plagiomnium maximoviczii*			

161	瓦叶假细罗藓	*P. tectorum*
162	中华细枝藓	*Lindbergia sinensis*
163	疣胞细枝藓	*L. brachyptera* var. *austinii*
164	弯叶多毛藓	*Lescuraea incurvata*
165	细罗藓	*Leskeella nervosa*

木灵藓科 Orthotrichaceae

166	山羽藓	*Abietinella abietina*
167	牛舌藓	*Anomodon minor*
168	全缘牛舌藓	ssp. *integerrimus*
169	碎叶牛舌藓	*A. thraustum*
170	虫毛藓	*Boulaya mittenii*
171	羊角藓	*Herpetineuron toccoae*
172	细叶小羽藓	*Haplocladium microphyllum*
173	东亚小羽藓	*H. fauriebi*
174	硬枝小羽藓	*H. strictulum*
175	狭叶小羽藓	*H. angustifolium*
176	小多枝藓	*Haplohymenium triste*
177	长肋多枝藓	*H. longinerre*
178	异枝藓	*Heterocladium heteropterum*
179	疣茎麻羽藓	*Clapodium papillicaule*
180	多疣麻羽藓	*C. pellucinerve*
181	拟毛尖麻羽藓	*C. subpiliferum*
182	粗肋羽藓	*Thuidium recognitum*
183	二歧羽藓	*T. bitinnatulum*
184	细羽藓	*T. minutulum*
185	毛尖羽藓	*T. philibertii*
186	黄羽藓	*T. pycnothallum*
187	细枝羽藓	*T. delicatulum*

柳叶藓科 Amblystegiaceae

188	牛角藓	*Cratoneuron filicinum*
189	粗毛细湿藓	*Campylium hispidulum*
190	稀齿细湿藓	*C. sommenfeltii*
191	卵叶细湿藓	*C. stellatum*

羽藓科 Thuidiaceae

| 192 | 多态细湿藓 | *C. protensum* |

193	拟细湿藓	*Campyliadelphus chrysophyllus*
194	薄网藓	*Leptodictyum riparium*
195	柳叶藓	*Amblystegium serpens*
196	长叶柳叶藓	*A. juratxkanum*
197	镰刀藓	*Drepanocladus aduncus*
198	直叶镰刀藓	f. *pseudofluitans*
199	钩枝镰刀藓	*D. uncinatus*
200	长枝钩枝镰刀藓	f. *longicuspis*
201	沼泽水灰藓	*Hygrohypnum luridum*
202	细枝青藓	*Brachythecium buchananii*
203	皱叶青藓	*B. kuroishicum*
204	卵叶青藓	*B. rutabulum*
205	长肋青藓	*B. populeum*
206	台湾青藓	*B. formosanum*
207	石地青藓	*B. glarecosum*
208	羽枝青藓	*B. plumosum*
209	狭叶羽枝青藓	var. *mimmayae*
210	小蒴青藓	*B. pygmaeum*
211	弯叶青藓	*B. reflexum*
212	纤细青藓	*B. rhynchostegielloides*
213	燕尾藓	*Bryhnia novae-angliae*
214	短尖燕尾藓	*B. hultenii*
215	平叶燕尾藓	*B. sublaevifolia*
216	强肋毛尖藓	*Cirriphyllum crassinervium.*
217	鼠尾藓	*Myuroclada maximowiczii*
218	美喙藓	*Eurhynchium pulchellum*
219	卵叶美喙藓	*E. striatum*
220	尖叶美喙藓	*E. eustegium*

绢藓科 Entodontaceae

221	绢藓	*Entodon cladorrhizans*
222	荫地绢藓	*E. caliginosus*
223	长帽绢藓	*E. dolichocucullatus*
224	深绿绢藓	*E. luridus*
225	狭叶绢藓	*E. angustifolius*

226	钝叶绢藓	*E. obtusatus*
227	广叶绢藓	*E. rubicundus*
228	绿叶绢藓	*E. viridulus*
229	兜叶绢藓	*E. seductrix*
230	陕西绢藓	*E. schensianus*
231	短柄绢藓	*E. micropodus*
232	直蒴绢藓	*E. concinnus*
233	细绢藓	*E. giraldii*
234	密叶绢藓	*E. compressus*
235	亮叶绢藓	*E. aeruginosus*
236	疣齿绢藓	*E. nanocarpus*

棉藓科 Plagiotheciaceae

237	棉藓	*Plagiothecium denticulatum*
238	园条棉藓	*P. cavifollium*
239	扁平棉藓	*P. neckeroideum*
240	阔叶棉藓	*P. platyphyllum*
241	长喙棉藓	*P. succulentum*

锦藓科 Sematophyllaceae

| 242 | 弯叶小锦藓 | *Brotherella falcatula* |
| 243 | 东亚小锦藓 | *B. fauriei* |

灰藓科 Hypnaceae

244	密枝粗枝藓	*Gollania denspinnata*
245	细叶毛灰藓	*Homomallium leptothallum*
246	灰藓	*Hypnum cupressiforme*
247	弯叶扁灰藓	*H. lindbergii*
248	黄灰藓	*H. pallescens*
249	扁灰藓	*H . pratense*
250	弯叶灰藓	*H. hamulosum*
251	卷叶灰藓	*H. revolutum*
252	长叶鳞叶藓	*Taxiphyllum taxirameum*
253	陕西鳞叶藓	*T. giraldii*
254	假丛灰藓	*Pseudostereodon procerrimum*
255	毛梳藓	*Ptilium crista-castrensis*
256	金灰藓	*Pylaisia polyantha*
257	北方金灰藓	*P. selwynii*

垂枝藓科 Rhytidiaceae

| 258 | 垂枝藓 | *Rhytidium rugosum* |
| 259 | 褶藓 | *Okamuraea hakoniensis* |

金发藓科 Polytrichaceae

260	疣金发藓	*Pogonatum urnigrum*
261	东亚金发藓	*P. inflexum*
262	大金发藓	*Polytrichum commune*
263	仙鹤藓	*Atrichum undulatum*
264	多蒴仙鹤藓	var. *gracilisetum*
265	波叶仙鹤藓	var. *minus*

二、蕨类植物门 PTERIDOPHYTA

卷柏科 Selaginellaceae

266	蔓生卷柏	*Selaginella davidii*
267	圆枝卷柏	*S. sanguinolenta*
268	中华卷柏	*S. sinensis*
269	卷柏	*S. tamariscina*
270	垫状卷柏	*S. pulvinata*
271	蒲扇卷柏	*S. stauntoniana*

木贼科 Equisetaceae

272	问荆	*Equisetum arvense*
273	木贼	*E. hiemale*
274	犬问荆	*E. palustre*
275	草问荆	*E. pratense*
276	节节草	*E. ramosissimum*

阴地蕨科 Botrychiaceae

277	扇羽阴地蕨	*Botrychium lunaria*
278	细毛碗蕨	*Dennstaedtia pilosellu*
279	溪洞碗蕨	*D. wilfordii*

蕨科 Pteridiaceae

| 280 | 蕨 | *Pteridium aquilinum* var. *latiusculum* |

中国蕨科 Sinopteridaceae

281	银粉背蕨	*Aleuritopteris argentea*
282	无银粉背蕨	*A. shensiensis*
283	华北粉背蕨	*A. kuhnii*
284	小叶中国蕨	*Sinopteris albofusca*

铁线蕨科 **Adiantaceae**

285	团羽铁线蕨	*Adiantum capillus-junonis*
286	普通铁线蕨	*A. edgeworthii*
287	掌叶铁线蕨	*A. pedatum*

裸子蕨科 **Gymnogrammaceae**

288	耳叶金毛裸蕨	*Gymnopteris bipinnata* var. *auriculata*

蹄盖蕨科 **Athyriaceae**

289	黑鳞短肠蕨	*Allantodia crenata*
290	东北蹄盖蕨	*Athyrium brevifrons*
291	雾灵蹄盖蕨	*A. acutidentatum*
292	麦秆蹄盖蕨	*A. fallaciosum*
293	河北蹄盖蕨	*A. hebeiense*
294	多齿蹄盖蕨	*A. multidentatum*
295	华东蹄盖蕨	*A. nipponicum*
296	华北蹄盖蕨	*A. pachyphlebium*
297	中华蹄盖蕨	*A. sinense*
298	禾秆蹄盖蕨	*A. yokoscense*
299	亚美蹄盖蕨	*A. acrostichoides*
300	冷蕨	*Cystopteris fragilis*
301	尖齿冷蕨	var. *acutidentata*
302	欧洲冷蕨	*C. sudetica*
303	羽节蕨	*Gymnocarpium disjunctum*
304	蛾眉蕨	*Lunathyrium acrostichoides*
305	河北蛾眉蕨	*L. vegetius*

铁角蕨科 **Aspleniaceae**

306	北京铁角蕨	*Asplenium pekinense*
307	密云铁角蕨	*A. miyunense*
308	钝齿铁角蕨	*A. subvarians*
309	变异铁角蕨	*A. varians*
310	过山蕨	*Camptosorus sibiricus*

金星蕨科 **Thelypteridaceae**

311	沼泽蕨	*Thelypteris palustris*

球子蕨科 **Onocleaceae**

312	球子蕨	*Onoclea sensibilis*

313	荚果蕨	*Matteuccia struthiopteris*

岩蕨科 **Woodsiaceae**

314	膀胱岩蕨	*Woodsia manchuriensis*
315	耳羽岩蕨	*W. polystichoides*
316	中岩蕨	*W. intermedia*
317	大囊岩蕨	*W. macrochlaena*
318	密毛岩蕨	*W. rosthorniana*
319	亚心岩蕨	*W. subcordata*

鳞毛蕨科 **Dryopteridaceae**

320	大鳞毛蕨	*Dryopteris austriaca*
321	绵马鳞毛蕨	*D. crassirhizoma*
322	香鳞毛蕨	*D. fragrans*
323	华北鳞毛蕨	*D. laeta*
324	布朗耳蕨	*Polystichum braunii*
325	鞭叶耳蕨	*P. craspedosorum*
326	三叉耳蕨	*P. tripteron*

水龙骨科 **Polypodiaceae**

327	乌苏里瓦韦	*Lepisorus ussuriensis*
328	北京石韦	*Pyrrosia davidii*
329	有柄石韦	*P. petiolosa*

三、裸子植物门 GYMNOSPERMAE

松科 **Pinaceae**

330	华北落叶松	*Larix principis-rupprechtii*
331	雾灵落叶松	*L. wulingshanensis*
332	白杆	*Picea meyeri*
333	红皮云杉	*P. koraiensis*
334	青杆	*P. wilsonii*
335	雪岭云杉	*P. schrenkinan*
336	油松	*Pinus tabulaeformis*
337	雾灵松	*P. tokunagai*
338	红松	*P. koraiensis*
339	樟子松	*P. sylvestris* var. *mongolica*
340	臭冷杉	*Abies nephrolepis*

柏科 **Cuprecssceae**

341	侧柏	*Platycladus orientalis*

四、被子植物门 ANGIOSPERMAE

(一)双子叶植物纲 DICOTYLEDONEAE

Ⅰ 离瓣花亚纲 CHORIPETALAE

金粟兰科 Chloranthaceae

342	银线草	*Chloranthus japonicus*

杨柳科 Salicaceae

343	辽杨	*Populus maximowiczii*
344	梧桐杨	*P. pseudomaximowiczii*
345	小青杨	*P. pseudo-simonii*
346	小叶杨	*P. simonii*
347	山杨	*P. davidiana*
348	香杨	*P. koreana*
349	热河杨	*P. mandshurica*
350	青杨	*P. cathayana*
351	毛白杨	*P. tomentosa*
352	加杨	*P. canadensis*
353	河北杨	*P. hopeiensis*
354	钻天杨	*P. nigra var. italica*
355	箭杆杨	*P. nigra var. thevestina*
356	黄花儿柳	*Salix caprea*
357	齿叶黄花柳	*S. sinica var. dentata*
358	中国黄花柳	*S. sinica*
359	皂柳	*S. wallichiana*
360	河北柳	*S. taishanensis var. hebeinica*
361	毛柳	*S. triandra*
362	杞柳	*S . integra*
363	朝鲜柳	*S. koreensis*
364	旱柳	*S. matsudana*
365	垂柳	*S. babylonica*
366	密齿柳	*S. characta*
367	蒙古柳	*S. mongolica*
368	蒿柳	*S. viminalis*
369	崖柳	*S. xerophilla*
370	中华柳	*S. cathayana*

胡桃科 Juglandaceae

371	核桃楸	*Juglans mandshurica*
372	核桃	*J. regia*
373	河北核桃	*J. hopeiensis*

桦木科 Betulaceae

374	坚桦	*Betula chinensis*
375	硕桦	*B. costata*
376	棘皮桦	*B. dahurica*
377	白桦	*B. platyphylla*
378	红桦	*B. albo-sinensis*
379	糙皮桦	*B. utilis*
380	千金榆	*Carpinus cordata*
381	鹅耳枥	*C. turczaninowii*
382	榛	*Corylus heterophylla*
383	毛榛	*C. mandshurica*
384	铁木	*Ostrya japonica*
385	虎榛子	*Ostryopsis davidiana*

壳斗科 Fagaceae

386	麻栎	*Quercus acutissima*
387	房山栎	*Q. fangshanensis*
388	槲栎	*Q. aliena*
389	北京槲栎	var. *pekingensis*
390	柞栎	*Q. dentata*
391	大叶槲树	var. *grandifolia*
392	蒙古栎	*Q. mongolica*
393	锐齿蒙古栎	var. *grosseserrata*
394	辽东栎	*Q. liaotungensis*
395	栓皮栎	*Q. variabilis*
396	栗	*Castanea mollissima*

榆科 Ulmaceae

397	小叶朴	*Celtis bungeana*
398	大叶朴	*C. koraiensis*
399	狭叶朴	*C. jessoensis*
400	黄果朴	*C. labilis*
401	刺榆	*Hemiptelea davidii*
402	黑榆	*Ulmus davidiana*

403	裂叶榆	*U. laciniata*	432	萹蓄	*Polygonum aviculare*
404	大果榆	*U. macrocarpa*	433	普通蓼	*P. mandshuricum*
405	春榆	var. *propinqua*	434	拳蓼	*P. bisrtorta*
406	翼枝榆	var. *suberosa*	435	卷茎蓼	*P. convolvulus*
407	榆	*U. pumila*	436	柳叶刺蓼	*P. bungeanum*
408	旱榆	*U. glaucescens*	437	齿翅蓼	*P. dentato-alatum*
409	青檀	*Pteroceltis tatarinowii*	438	篱蓼	*P. dumetorum*

桑科 Moraceae

410	葎草	*Humulus scandens*	439	稀花蓼	*P. dissitiflorum*
411	华忽布	*H. lupulus* var. *cordifolius*	440	叉分蓼	*P. divaricatum*
412	桑	*Morus alba*	441	中轴蓼	*P. excurrense*
413	鸡桑	*M. bombycis*	442	褐鞘蓼	*P. fusco-ochreatum*
414	蒙桑	*M. mongolica*	443	水蓼	*P. hydropiper*
415	鬼桑	var. *diabolica*	444	华北蓼	*P. jeholense*
416	构树	*Broussonetia papyrifera*	445	酸模叶蓼	*P. lapathifolium*

荨麻科 Urticaceae

417	赤麻	*Boehmeria silvestris*	446	朝鲜蓼	*P. koreense*
418	细穗兰麻	*B. gracilis*	447	珠芽蓼	*P. viviparum*
419	蝎子草	*Girardinia cuspidata*	448	长戟叶蓼	*P. maackianum*
420	墙草	*Parietaria micrantha*	449	狭叶萹蓄	*P. neglectum*
421	山冷水花	*Pilea japonica*	450	尼泊尔蓼	*P. nepalense*
422	透茎冷水花	*P. mongolica*	451	节蓼	*P. nodosum*
423	狭叶荨麻	*Urtica angusifolia*	452	白里节蓼	var. *incanum*
424	麻叶荨麻	*U. cannabina*	453	红蓼	*P. orientale*
425	宽叶荨麻	*U. laetevirens*	454	长尾叶蓼	*P. porumbu*

檀香科 Santalaceae

426	百蕊草	*Thesium chinense*	455	太平洋蓼	*P. pacificum*
			456	杠板归	*P. perfoliatum*
427	长叶百蕊草	*T. longifolium*	457	桃叶蓼	*P. persicaria*
428	反折百蕊草	*T. refractum*	458	宽叶蓼	*P. platyphyllum*
			459	刺蓼	*P. senticosum*

桑寄生科 Loranthaceae

429	槲寄生	*Viscum coloratum*	460	小箭叶蓼	*P. sieboldii*
			461	楔叶蓼	*P. trigonocarpum*

马兜铃科 Aristolochiaceae

430	北马兜铃	*Aristolochia contorta*	462	戟叶蓼	*P. thunbergii*
			463	大戟叶蓼	var. *stolonifera*

蓼科 Polygonaceae

			464	粘蓼	*P. viscoferum* var. *robustum*
			465	河北大黄	*Rheum franzenbachii*
431	苦荞麦	*Fagopyrum tataricum*	466	掌叶大黄	*R. palmatum*

467	酸模	*Rumex acetosa*
468	皱叶酸模	*R. crispus*
469	巴天酸模	*R. patientia*
470	帕米尔羊蹄	*R. pamiricus*
471	乌苏里酸模	*R. ussuriensis*
472	齿果酸模	*R. dentatus*

藜科 Chenopodiaceae

473	轴藜	*Axyris amaranthoides*
474	尖头叶藜	*Chenopodium acuminatum*
475	藜	*C. album*
476	红心藜	var. *centrorubrum*
477	小叶藜	var. *microphyllum*
478	刺藜	*C. aristatum*
479	菱叶藜	*C. bryoniaefolium*
480	菊叶香藜	*C. foetidum*
481	灰绿藜	*C. glaucum*
482	杂配藜	*C. hybridum*
483	小藜	*C. serotinum*
484	细叶藜	*C. stenophyllum*
485	东亚市藜	*C. urbicum*
486	红叶藜	*C. rubrum*
487	滨藜	*Atiplex patens*
488	华北驼绒藜	*Ceratoides arborescens*
489	星状刺果藜	*Echinopsilon divaricatum*
490	碱蓬	*Suaeda glauca*
491	大果虫实	*Corispermum macrocarpum*
492	烛台虫实	*C. candelabrum*
493	地肤	*Kochia scoparia*
494	刺沙蓬	*Salsola ruthenica*
495	猪毛菜	*S. collina*
496	无翅猪毛菜	*S. komarovii*

苋科 Amaranthaceae

497	反枝苋	*Amaranthus retroflexus*
498	凹头苋	*A. lividus*
499	皱果苋	*A. viridis*

500	牛膝	*Achyranthes bidentata*

商陆科 Phytolaccaceae

501	商陆	*Phytolacca acinosa*

马齿苋科 Portulacaceae

502	马齿苋	*Portulaca oleracea*

石竹科 Caryophyllaceae

503	小五台蚤缀	*Arenaria formosa*
504	灯心草蚤缀	*A. juncea*
505	石竹	*Dianthus chinensis*
506	火红石竹	var. *ignescens*
507	长苞石竹	var. *longisquama*
508	瞿麦	*D. superbus*
509	高山瞿麦	var. *speciosus*
510	尖叶丝石竹	*Gypsophila acutifolia* var. *chinensis*
511	霞草	*G. oldhamiana*
512	浅裂剪秋萝	*Lychnis cognata*
513	大花剪秋萝	*L. fulgens*
514	剪秋萝	*L. senno*
515	牛漆姑草	*Spergularia salina*
516	牛繁缕	*Malachium aquaticum*
517	女娄菜	*Melandrium apricum*
518	山女娄菜	*M. tatarinowii*
519	粗壮女娄菜	*M. firmum*
520	疏毛女娄菜	f. *pubescens*
521	种阜草	*Moehringia lateriflora*
522	林生孩儿参	*Pseudostellaria sylvatica*
523	蔓孩儿参	*P. davidii*
524	毛孩儿参	*P. japonica*
525	矮小孩儿参	*P. maximowicziana*
526	异花孩儿参	*P. heterantha*
527	异叶孩儿参	*P. heterophylla*
528	旱麦瓶草	*Silene jenisseensis*
529	麦瓶草	*S. conoidea*
530	石生麦瓶草	*S. tatarinowii*

531	毛萼麦瓶草	*S. repens*
532	中国繁缕	*Stellaria chinensis*
533	繁缕	*S. media*
534	叉歧繁缕	*S. dichotoma*
535	翻白繁缕	*S. discolor*
536	细叶繁缕	*S. filicaulis*
537	林繁缕	*S. bungeana*
538	内曲繁缕	*S. infracta*

金鱼藻科 Ceratophyllaceae

| 539 | 金鱼藻 | *Ceratophyllum demersum* |

毛茛科 Ranunculaceae

540	两色乌头	*Aconitum albo-violaceum*
541	直立两色乌头	var. *erectum*
542	牛扁	*A. barbatum* var. *puberulum*
543	西伯利亚乌头	*A. barbatum* var. *hispidum*
544	低矮华北乌头	*A. jeholense*
545	华北乌头	*A. soongaricum* var. *angustius*
546	高乌头	*A. sinomontanum*
547	黄花乌头	*A. coreanum*
548	北乌头	*A. kusnezoffii*
549	宽裂北乌头	var. *gibbiferum*
550	伏毛北乌头	var. *crispulum*
551	雾灵乌头	*A. kusenezoffii* var. *wulingense*
552	河北乌头	*A. leucostomum* var. *hopeiense*
553	草地乌头	*A. umbrosum*
554	蔓乌头	*A. volubile*
555	类叶升麻	*Actaea asiatica*
556	银莲花	*Anemone cathayensis*
557	毛果银莲花	*A. cathayensis* var. *hispida*
558	林生银莲花	*A. silvestris*
559	小花草玉梅	*A. rivularis* var. *barbulata*
560	华北楼斗菜	*Aquilegia yabeana*
561	野楼斗菜	*A. viridiflora*
562	水毛茛	*Batrachium bungei*
563	长叶水毛茛	*B. kauffmannii*

564	升麻	*Cimicifuga dahurica*
565	单穗升麻	*C. simplex*
566	大三叶升麻	*C. heracleifolia*
567	短尾铁线莲	*Clematis brevicaudata*
568	朝鲜铁线莲	*C. koreana*
569	褐紫铁线莲	*C. fusca*
570	棉团铁线莲	*C. hexapetala*
571	大叶铁线莲	*C. heracleifolia*
572	羽叶铁线莲	*C. pinnata*
573	黄花铁线莲	*C. intricata*
574	大瓣铁线莲	*C. macropetala*
575	辣蓼铁线莲	*C. mandshurica*
576	半钟铁线莲	*C. ochotensis*
577	翠雀	*Delphinium grandiflorum*
578	蓝堇草	*Leptopyrum fumarioides*
579	白头翁	*Pulsatilla chinensis*
580	朝鲜白头翁	*P. cernua*
581	茴茴蒜	*Ranunculus chinensis*
582	毛茛	*R. iaponicus*
583	单叶毛茛	*R. monophyllus*
584	石龙芮	*R. sceleratus*
585	贝加尔唐松草	*Thalictrum baicalense*
586	瓣蕊唐松草	*T. petaloideum*
587	拟散花唐松草	*T. przewalskii*
588	散花唐松草	*T. sparsiflorum*
589	展枝唐松草	*T. squarrosum*
590	东亚唐松草	*T. thunbergii*
591	箭头唐松草	*T. simplex* var. *brevipes*
592	唐松草	*T. aquilegifolium* var. *sibiricum*
593	金莲花	*Trollius chinensis*

芍药科 Paeoniaceae

| 594 | 草芍药 | *Paeonia obovata* |

小檗科 Berberidaceae

| 595 | 大叶小檗 | *Berberis amurensis* |

596	细叶小檗	*B. poiretii*
597	华西小檗	*B. silva-taroucana*
598	西伯利亚小檗	*B. sibirica*
599	首阳小檗	*B. dielsiana*
600	类叶牡丹	*Caulophyllum robustum*

防己科 Menispermaceae

| 601 | 蝙蝠葛 | *Menispermum dauricum* |

木兰科 Magnoliaceae

| 602 | 五味子 | *Schisandra chinensis* |

罂粟科 Papaveraceae

603	白屈菜	*Chelidonium majus*
604	地丁草	*Corydalis bungeana*
605	黄紫堇	*C. ochotensis*
606	黄堇	*C. pallida*
607	小黄紫堇	*C. raddeana*
608	河北黄堇	*C. chanetil*
609	赛北紫堇	*C. impatiens*
610	刻叶紫堇	*C. incisa*
611	珠果黄堇	*C. speciosa*
612	齿瓣延胡索	*C. remota*
613	狭裂齿瓣延胡索	var. *lineariloba*
614	全叶延胡索	*C. repens*
615	山罂粟	*Papaver borealisinense*

十字花科 Cruciferae

616	庭荠	*Alyssum biovulatum*
617	垂果南芥	*Arabis pendula*
618	硬毛南芥	*A. hirsuta*
619	荠	*Capsella bursa-pastoris*
620	碎米芥	*Cardamine hirsuta*
621	白花碎米芥	*C. leucantha*
622	紫花碎米芥	*C. tangutorum*
623	裸茎碎米芥	*C. scaposa*
624	芝麻菜	*Eruca sativa*
625	播娘蒿	*Descurainia sophia*
626	花旗竿	*Dontostemon dentatus*

627	小花花旗竿	*D. micranthus*
628	苞序葶苈	*Draba ladyginii*
629	葶苈	*D. nemorosa*
630	光果葶苈	var. *leiocarpa*
631	蒙古葶苈	*D. mongolica*
632	糖芥	*Erysimum aurantiacus*
633	小花糖芥	*E. cheiranthoides*
634	雾灵香花芥	*Hesperis oreophila*
635	香花芥	*H. trichosepala*
636	黄花大蒜芥	*Sisymbrium luteum*
637	独行菜	*Lepidium apetalum*
638	诸葛菜	*Orychophragmus violaceus*
639	圆果蔊菜	*Rorippa globosa*
640	沼生蔊菜	*R. palustris*
641	遏蓝菜	*Thlaspi arvense*

景天科 Crassulaceae

642	瓦松	*Orostachys fimbriatus*
643	狼爪瓦松	*O. cartilagineus*
644	钝叶瓦松	*O. malacophyllus*
645	日本瓦松	*O. japonicus*
646	小瓦松	*O. minutus*
647	晚红瓦松	*O. erudescens*
648	狭叶红景天	*Rhodiola kirilowii*
649	红景天	*R. rosea*
650	小丛红景天	*R. dumulosa*
651	景天三七	*Sedum aizoon*
652	多化土三七	var. *floribundum*
653	宽叶土三七	var. *latifolium*
654	杂景天	*S. hybridium*
655	堪察加景天	*S. kamtczaticum*
656	狗景天	*S. middendorffianum*
657	长药景天	*S. spectabile*
658	狭叶长药景天	var. *angustifolium*
659	紫景天	*S. purpureum*
660	华北景天	*S. tatarinowii*

661	白景天	*S. pallescens*	692	山楂	*Crataegus pinnatifida*
662	景天	*S. erythrostictum*	693	山里红	var. *major*
663	宽叶景天	*S. ellacombianum*	694	齿叶白鹃梅	*Exochorda serratifolia*
664	垂盆草	*S. sarmentosum*	695	细叶蚊子草	*Filipendula angustiloba*
665	火焰草	*S. stellariaefolium*	696	蚊子草	*F. palmata*
666	轮叶景天	*S. verticillatum*	697	翻白蚊子草	var. *amurensis*

虎耳草科 Saxifragaceae

			698	水杨梅	*Geum aleppicum*
667	落新妇	*Astilbe chinensis*	699	山荆子	*Malus baccata*
668	蔓金腰子	*Chrysosplenium flagelliferum*	700	苹果	*M. pumila*
669	毛金腰子	*C. pilosum*	701	沙果	*M. asiatica*
670	林金腰子	*C. lectus-cochleae*	702	槟子	var. *rinki*
671	多枝金腰子	*C. ramosum*	703	海棠果	*M. prunifolia*
672	互叶金腰	*C. alternifolium*	704	风箱果	*Physocarpus amurensis*
673	大花溲疏	*Deutzia grandiflora*	705	钩叶委陵菜	*Potentilla ancistrifolia*
674	小花溲疏	*D. parviflora*	706	皱钩叶委陵菜	var. *rugulosa*
675	钩齿溲疏	*D. prunifolia*	707	疏毛钩叶委陵菜	var. *dickinsii*
676	东陵八仙花	*Hydrangea bretschneideri*	708	匍匐委陵菜	*P. reptans*
677	光叶东陵八仙花	*H. bretschneideri* var. *glabrescens*	709	绢毛匍匐委陵菜	var. *sericophylla*
678	独根草	*Oresitrophe rupifraga*	710	大萼委陵菜	*P. conferata*
679	梅花草	*Parnassia palustris*	711	银露梅	*P. glabra*
680	扯根菜	*Penthorum chinensis*	712	鹅绒委陵菜	*P. anserina*
681	太平花	*Philadelphus pekinensis*	713	光叉叶委陵菜	*P. bifurca* var. *glabrata*
682	刺果茶藨子	*Ribes burejense*	714	委陵菜	*P. chinensis*
683	东北茶藨子	*R. manschuricum*	715	沙地委陵菜	*P. filipendula*
684	疏毛东北茶藨子	var. *subglabrum*	716	翻白委陵菜	*P. discolor*
685	瘤糖茶藨子	*R. emodense* var. *verruculosum*	717	匍枝委陵菜	*P. flagellariis*
686	球茎虎耳草	*Saxifraga sibirica*	718	莓叶委陵菜	*P. fragarioides*
687	北京虎耳草	*S. sibirica* var. *pekinensis*	719	三叶委陵菜	*P. freyniana*

蔷薇科 Rosaceae

			720	金露梅	*P. fruticosa*
688	蛇莓	*Duchesnea indica*	721	等齿委陵菜	*P. simulatrix*
689	龙牙草	*Agrimonia pilosa*	722	多茎委陵菜	*P. multicaulis*
690	黑果枸子	*Cotoneaster melanocarpus*	723	假翻白委陵菜	*P. pannifolia*
691	灰枸子	*C. acutifolius*	724	小叶金露梅	*P. parvifolia*
			725	朝天委陵菜	*P. supina*
			726	菊叶委陵菜	*P. tanacetifolia*

727	腺毛委陵菜	*P. viscosa*
728	毛地蔷薇	*Chamaerhodos canescens*
729	西伯利亚杏	*Prunus sibirica*
730	山桃	*P. davidiana*
731	欧李	*P. humilis*
732	长梗郁李	*P. nakaii*
733	稠李	*P. padus*
734	粉叶稠李	var. *glauca*
735	毛叶稠李	var. *pubescens*
736	毛山樱桃	*P. serrulata* var. *pubescens*
737	安杏	*P. armeniaca* var. *ansu*
738	毛樱桃	*P. tomentosa*
739	黑樱桃	*P. maximowiczii*
740	榆叶梅	*P. triloba*
741	李	*P. salicina*
742	杏	*P. armeniaca*
743	桃	*P. persica*
744	日本樱花	*P. yedoensis*
745	樱桃	*P. pseudocerasus*
746	秋子梨	*Pyrus ussuriensis*
747	杜梨	*P. betulifolia*
748	白梨	*P. bretschneideri*
749	沙梨	*P. pyrifolia*
750	褐梨	*P. phaeocarpa*
751	美蔷薇	*Rosa bella*
752	山刺玫	*R. davurica*
753	腺果大叶蔷薇	*R. acicularis* var. *glandulosa*
754	长白蔷薇	*R. koreana*
755	大果深山蔷薇	*R. suavis*
756	山楂叶悬钩子	*Rubus crataegifolius*
757	覆盆子	*R. idaeus*
758	刺毛悬钩子	var. *trigosus*
759	华北覆盆子	var. *borealisinensis*
760	里白悬钩子	var. *microphyllus*
761	库页悬钩子	*R. sachalinensis*

762	茅莓	*R. parvifolius*
763	石生悬钩子	*R. saxatilis*
764	直穗花地榆	*Sanguisorba grandiflora*
765	腺地榆	*S. glandulosa*
766	地榆	*S. officinalis*
767	小穗地榆	var. *microcephala*
768	深山地榆	var. *montana*
769	粉花地榆	var. *carnea*
770	圆叶地榆	*S. obtusa*
771	垂穗粉花地榆	*S . tenuifolia*
772	星毛珍珠梅	*Sorbaria sorbifolia* var. *stellipila*
773	珍珠梅	*S. kirilowii*
774	百花花楸	*Sorbus pohuashanensis*
775	水榆花楸	*S . alnifolia*
776	华北绣线菊	*Spiraea fritschiana*
777	大叶华北绣线菊	var. *latifolia*
778	小叶华北绣线菊	var. *parvifolia*
779	石蚕叶绣线菊	*S. chamaedryfolia*
780	绒毛绣线菊	*S. dasyantha*
781	柔毛绣线菊	*S . pubescens*
782	三裂绣线菊	*S. trilobata*
783	美丽绣线菊	*S. elegans*
784	曲萼绣线菊	*S. flexuosa*
785	麻叶绣线菊	*S. cantoniensis*
786	绣球绣线菊	*S. blumei*
787	疏毛绣线菊	*S. hirsuta*
788	中华绣线菊	*S. chinensis*
789	绣线菊	*S. salicifolia*

豆科 Leguminosae

790	田皂角	*Aeschynomene indica*
791	紫穗槐	*Amorpha fruticosa*
792	三籽两型豆	*Amphicarpaea trisperma*
793	草珠黄耆	*Astragalus capillipes*
794	扁茎黄耆	*A. complanatus*

795	达乎里黄耆	*A. dahuricus*	830	绒毛胡枝子	*L. tomentosa*
796	草木樨状黄耆	*A. melilotoides*	831	中华胡枝子	*L. chinensis*
797	伞花黄耆	*A. sciadophorus*	832	细梗胡枝子	*L. virgata*
798	皱黄耆	*A. tataricus*	833	天蓝苜蓿	*Medicago lupulina*
799	膜荚黄耆	*A. membranaceus*	834	野苜蓿	*M. falcata*
800	菰子梢	*Campylotropis macrocarpa*	835	紫苜蓿	*M. sativa*
801	金雀花	*Caragana frutex*	836	胡卢巴	*Trigonella foenum-graecum*
802	锦鸡儿	*C. sinica*	837	花苜蓿	*Melissitus ruthenics*
803	小叶锦鸡儿	*C. microphylla*	838	蓝花棘豆	*Oxytropis caerulea*
804	红花锦鸡儿	*C. rosea*	839	白花草木樨	*Melilotus albus*
805	北京锦鸡儿	*C. pekinensis*	840	草木樨	*M. suaveolens*
806	南口锦鸡儿	*C. zahlbruckneri*	841	黄香草木樨	*M. officinalis*
807	朝鲜槐	*Maackia amurensis*	842	葛	*Pueraria lobata*
808	山合欢	*Albizia kalkora*	843	苦参	*Sophora flavescens*
809	豆茶决明	*Cassia nomame*	844	狭叶苦参	var. *angustifolia*
810	茳芒决明	*C. sophera*	845	苦豆子	*S. alopecuroides*
811	决明	*C. obtusifolia*	846	槐树	*S. japonica*
812	山皂荚	*Gleditsia japonica*	847	刺槐	*Robinia pseudoacacia*
813	宽叶蔓豆	*Glycine gracilis*	848	野火球	*Trifolium lupinaster*
814	野大豆	*G. soja*	849	山野豌豆	*Vicia amoena*
815	刺果甘草	*Glycyrrhiza pallidiflora*	850	狭叶山野豌豆	var. *oblongifolia*
816	米口袋	*Gueldenstaedtia multiflora*	851	广布野豌豆	*V. cracca*
817	狭叶米口袋	*G. stenophylla*	852	灰野豌豆	f. *canescens*
818	铁扫帚	*Indigofera bungeana*	853	多茎野豌豆	*V. multicaulis*
819	花木蓝	*I. kirilowii*	854	假香野豌豆	*V. pseudo-orobus*
820	长萼鸡眼草	*Kummerowia stipulacea*	855	大野豌豆	*V. gigantea*
821	鸡眼草	*K. striata*	856	歪头菜	*V. unijuga*
822	茳芒香豌豆	*Lathyrus davidii*	**酢浆草科 Oxlidaceae**		
823	山黧豆	*L. palustris* var. *pilosus*	857	直立酢浆草	*Oxalis stricta*
824	胡枝子	*Lespedeza bicolor*	858	酢浆草	*O. corniculata*
825	短序胡枝子	*L. cyrtobotrya*	**牻牛儿苗科 Geraniaceae**		
826	达呼里胡枝子	*L. davurica*	859	牻牛儿苗	*Erodium stephanianum*
827	多花胡枝子	*L. floribunda*	860	紫牻牛儿苗	var. *atranthum*
828	阴山胡枝子	*L. inschanica*	861	粗根老鹳草	*Geranium dahuricum*
829	尖叶胡枝子	*L. hedysaroides*	862	毛蕊老鹳草	*G. eriostemon*

863	大花毛蕊老鹳草	var. *megalanthum*
864	突节老鹳草	G. *japonicum*
865	鼠掌老鹳草	G. *sibiricum*
866	灰背老鹳草	G. *wlassowianum*
867	老鹳草	G. *wilfordii*
868	草原老鹳草	G. *pratense*

亚麻科 Linaceae

| 869 | 野亚麻 | *Linum stelleroides* |

蒺藜科 Zygophyllaceae

| 870 | 蒺藜 | *Tribulus terresteis* |

芸香科 Rutaceae

871	白鲜	*Dictamnus dasycarpus*
872	黄檗	*Phellodendron amurense*
873	崖椒	*Zanthoxylum schinifolium*
874	花椒	Z. *bungeanum*
875	臭檀	*Euodia daniellii*

苦木科 Simaroubaceae

| 876 | 臭椿 | *Ailanthus altissima* |
| 877 | 苦木 | *Picrasma quassioides* |

楝科 Meliaceae

| 878 | 香椿 | *Toona sinensis* |

远志科 Polygalaceae

879	瓜子金	*Polygala japonica*
880	西伯利亚远志	P. *sibirica*
881	小扁豆	P. *tatarinowii*
882	远志	P. *tenuifolia*

大戟科 Euphorbiaceae

883	铁苋菜	*Acalypha australis*
884	乳浆大戟	*Euphorbia esula*
885	锥腺大戟	E. *savariyi*
886	地锦	E. *humifusa*
887	猫眼草	E. *lunulata*
888	大戟	E. *pekinensis*
889	雀儿舌头	*Leptopus chinensis*
890	叶底珠	*Securinega suffruticosa*

| 891 | 叶下珠 | *Phyllanthus urinaria* |

漆树科 Anacardiaceae

| 892 | 盐肤木 | *Rhus chinensis* |

卫矛科 Celastraceae

893	刺苞南蛇藤	*Celastrus flagellaris*
894	大果南蛇藤	C. *jeholensis*
895	南蛇藤	C. *orbiculatus*
896	卫矛	*Euonymus alatus*
897	白杜卫矛	E. *bungeanus*

省沽油科 Staphyleaceae

| 898 | 省沽油 | *Staphylea bumalda* |

槭树科 Aceraceae

899	地锦槭	*Acer mono*
900	大色木槭	var. *savatreri*
901	茶条槭	A. *ginnala*
902	青楷槭	A. *tegmentosum*
903	拧筋槭	A. *triflorum*
904	元宝槭	A. *truncatum*
905	楷槭	A. *grosseri*
906	青榨槭	A. *davidii*

无患子科 Sapindaceae

| 907 | 栾树 | *Koelreuteria paniculata* |
| 908 | 文冠果 | *Xanthoceras sorbifolia* |

凤仙花科 Balsaminaceae

| 909 | 水金凤 | *Impatiens noli-tangere* |

鼠李科 Rhamnaceae

910	锐凶鼠李	*Rhamnus arguta*
911	鼠李	R. *davurica*
912	辽东鼠李	R. *meyeri*
913	小叶鼠李	R. *parvifolia*
914	东北鼠李	R. *schneideri* var. *manshurica*
915	朝鲜鼠李	R. *koraiensis*
916	金钢鼠李	R. *diamantiacus*
917	乌苏里鼠李	R. *ussuriensis*
918	冻绿	R. *utilis*

919	圆叶鼠李	*R. globosa*
920	薄叶鼠李	*R. leptophylla*
921	枣	*Ziziphus jujuba*
922	酸枣	var. *spinosa*

葡萄科 Vitaceae

923	乌头叶蛇葡萄	*Ampelopsis aconitifolia*
924	蛇葡萄	*A. brevipedunculata*
925	光叶蛇葡萄	var. *maximowiczii*
926	葎叶蛇葡萄	*A. humulifolia*
927	三叶白蔹	var. *trisecta*
928	白蔹	*A. japonica*
929	山葡萄	*Vitis amurensis*

椴树科 Tiliaceae

930	田麻	*Corchoropsis tomentosa*
931	扁担木	*Grewia biloba* var. *parviflora*
932	紫椴	*Tilia amurensis*
933	糠椴	*T. mandschurica*
934	蒙椴	*T. mongolica*

锦葵科 Malvaceae

935	野西瓜苗	*Hibiscus trionum*
936	冬寒菜	*Malva verticillata*
937	苘麻	*Abutilon theophrasti*

猕猴桃科 Actinidiaceae

938	软枣猕猴桃	*Actinidia arguta*
939	狗枣猕猴桃	*A. kolomikta*
940	巨果猕猴桃	*A. megalocarpa*
941	木天蓼	*A. polygama*

藤黄科 Guttiferae

942	黄海棠	*Hypericum ascyron*
943	赶山鞭	*H. attenuatum*
944	土耳草	*Triadenum japonicum*

堇菜科 Violaceae

945	鸡腿堇菜	*Viola acuminata*
946	双花堇菜	*V. biflora*
947	南山堇菜	*V. chaerophylloides*

948	犁头菜	*V. japonica*
949	球果堇菜	*V. collina*
950	裂叶堇菜	*V. dissecta*
951	短毛裂叶堇菜	f. *pubescens*
952	溪堇菜	*V. epipsila*
953	毛柄堇菜	*V. hirtipes*
954	辽西堇菜	*V. liaosiensis*
955	北京堇菜	*V. pekinensis*
956	阴地堇菜	*V. yezoensis*
957	宽叶白花堇菜	*V. lactiflora*
958	东北堇菜	*V. mandshurica*
959	奇异堇菜	*V. mirabilis*
960	蒙古堇菜	*V. mongolica*
961	白花堇菜	*V. patrinii*
962	白果堇菜	*V. phalacrocarpa*
963	早开堇菜	*V. prionantha*
964	深山堇菜	*V. selkirkii*
965	京城堇菜	*V. seonlensis*
966	细距堇菜	*V. tenuicornis*
967	斑叶堇菜	*V. variegata*
968	绿斑叶堇菜	*V. viridis*
969	堇菜	*V. verecunda*
970	紫花地丁	*V. yedoensis*
971	变色紫花地丁	f. *intermedia*

秋海棠科 Begoniaceae

| 972 | 中华秋海棠 | *Begonia sinensis* |

瑞香科 Thymelaeaceae

| 973 | 草瑞香 | *Diarthron linifolium* |
| 974 | 狼毒 | *Stellera chamaejasme* |

胡颓子科 Elaeagnaceae

| 975 | 沙棘 | *Hippophae rhamnoides* |

千屈菜科 Lythraceae

976	千屈菜	*Lythrum salicaria*
977	无毛千屈菜	var. *glabro*
978	绿水苋	*Ammannia baccifera*

柳叶菜科 Qnagraceae

979	柳兰	*Epilobium angustifolium*
980	毛脉柳叶菜	*E. amurense*
981	无毛柳叶菜	*E. angulatum*
982	多枝柳叶菜	*E. fastigiato-ramosum*
983	柳叶菜	*E. hirsutum*
984	水湿柳叶菜	*E. palustre*
985	异叶柳叶菜	*E. propinquum*
986	东北柳叶菜	*E. cylindrostigma*
987	光华柳叶菜	*E. cephalostigma*
988	高山露珠草	*Circaea alpina*
989	深山露珠草	*C. caulescens*
990	牛泷草	*C. cordata*
991	曲毛露珠草	*C. hybrida*
992	露珠草	*C. quadrisulcata*
993	丁香蓼	*Luduwigia prostrata*

小二仙草科 Haloragaceae

994	轮叶狐尾藻	*Myriophyllum verticillatum*
995	狐尾藻	*M. spicatum*

五加科 Araliaceae

996	无梗五加	*Acanthopanax sessiliflorus*
997	刺五加	*A. senticosus*
998	糙叶五加	*A henryi*
999	楤木	*Aralia chinensis*
1000	辽东楤木	*A. elata*
1001	土当归	*A. cordata*
1002	东北土当归	*A. continentalis*
1003	人参	*Panax ginseng*

伞形科 Umbelliferae

1004	峨参	*Anthriscus sylvestris*
1005	拐芹当归	*Angelica polymorpha*
1006	雾灵当归	*A. porphyrocaulis*
1007	宽叶雾灵当归	*f. latisecta*
1008	毛叶雾灵当归	*f. pubifolia*
1009	白芷	*A. dahurica*

1010	川白芷	*A. anomala*
1011	北柴胡	*Bupleurum chinense*
1012	北京柴胡	*B. chinense* f. *pekinense*
1013	八伞柴胡	*B. chineuse* f. *octoradiatum*
1014	锥叶柴胡	*B. bicaule*
1015	红柴胡	*B. scorzonerifolium*
1016	曲茎柴胡	*f. stenophyllum*
1017	兴安柴胡	*B. sibiricum*
1018	雾灵柴胡	*B. sibiricum* var. *jeholense*
1019	宽叶雾灵柴胡	*B. jeholense* var. *latifolium*
1020	柳叶芹	*Czernaevia laevigata*
1021	无翼柳叶芹	*C. laevigata* var. *exalatocarpa*
1022	毒芹	*Cicuta virosa*
1023	田葛缕子	*Carum buriaticum*
1024	蛇床	*Cnidium monnieri*
1025	绒果芹	*Eriocycla albescens*
1026	大叶绒果芹	var. *latifolia*
1027	短毛独活	*Heracleum moellendorffii*
1028	多裂短毛独活	var. *subbipinnatum*
1029	北香芹	*Libanotis intermedia*
1030	辽藁本	*Ligusticum jeholense*
1031	细裂辽藁本	var. *tenuisectum*
1032	细叶藁本	*L. tachiroei*
1033	丝叶藁本	*L. filisectum*
1034	水芹	*Oenanthe javanica*
1035	香根芹	*Osmorhiza aristata*
1036	大齿当归	*Ostericum grossoserratum*
1037	山芹	*O. sieboldii*
1038	石防风	*Peucedanum terebinthaceum*
1039	宽叶石防风	var. *deltoideum*
1040	鸭巴前胡	*Porphyroscias decursiva* f. *albiflora*
1041	雾灵回芹	*Pimpinella limprichtii*
1042	短果回芹	*P. brachycarpa*
1043	短柱回芹	*P. stricta*
1044	变豆菜	*Sanicula chinensis*

1045	紫花变豆菜	*S. rubriflora*
1046	防风	*Saposhnikovia divaricata*
1047	泽芹	*Sium suave*
1048	窃衣	*ToriLis japonica*
1049	迷果芹	*Sphallerocarpus gracilis*

山茱萸科 Cornaceae

1050	毛梾	*Cornus walteri*
1051	红瑞木	*C. alba*
1052	沙梾	*C. bretschneideri*

Ⅱ 合瓣花亚纲 SYMPETALAE

鹿蹄草科 Pyrolaceae

1053	松下兰	*Hypopitys monotropa*
1054	圆叶鹿蹄草	*Pyrola rotundifolia*
1055	鹿蹄草	*P. calliantha*

牡丹花科 Ericaceae

1056	照山白	*Rhododendron micranthum*
1057	迎红杜鹃	*R. mucronulatum*

报春花科 Primulaceae

1058	点地梅	*Androsace umbellata*
1059	北京假报春	*Cortusa matthioli* var. *pekinensis*
1060	狼尾花	*Lysimachia barystachys*
1061	黄连花	*L. davurica*
1062	狭叶珍珠菜	*L. pentapetala*
1063	胭脂花	*Primula maximowiczii*
1064	翠南报春	*P. patens*
1065	心叶报春	*P. loeseneri*
1066	岩报春	*P. saxatilis*
1067	七瓣莲	*Trientalis europaea*

木犀科 Oleaceae

1068	白蜡树	*Fraxinus chinensis*
1069	尖叶白蜡	var. *acuminata*
1070	大叶白蜡	*F. rhynchophylla*
1071	河北白蜡	*F. hopeiensis*
1072	小叶白蜡	*F. bungeana*

1073	苦枥木	*F. retusa*
1074	暴马丁香	*Syringa amurenss*
1075	蓝丁香	*S. meyeri*
1076	小叶丁香	*S. microphylla*
1077	关东丁香	*S. velutina*
1078	红丁香	*S. villosa*
1079	北京丁香	*S. pekinensis*
1080	巧玲花	*S. pubescens*
1081	辽东丁香	*S. wolfi*
1082	雾灵丁香	*S. wulingensis*

龙胆科 Gentianaceae

1083	秦艽	*Gentiana macrophylla*
1084	假水生龙胆	*G. pseudoaquatica*
1085	鳞叶龙胆	*G. sguarrosa*
1086	三花龙胆	*G. triflora*
1087	得利寺龙胆	*G. yamatsutag*
1088	达乌里龙胆	*G. dahurica*
1089	笔龙胆	*G. zollingeri*
1090	扁蕾	*Gentianopsis barbata*
1091	中国扁蕾	var. *sinensis*
1092	翼萼蔓	*Pterygocalyx volubilis*
1093	花锚	*Halenia corniculata*
1094	当药	*Swertia diluta*
1095	日本獐牙菜	*S. tosaensis*
1096	瘤毛獐牙菜	*S. pseudochinensis*

萝藦科 Asclepiadaceae

1097	潮风草	*Cynanchum ascyrifolium*
1098	合掌消	*C. amplexicaule*
1099	白薇	*C. atratum*
1100	羊角子草	*C. cathayense*
1101	白首乌	*C. bungei*
1102	鹅绒藤	*C. chinensis*
1103	徐长卿	*C. paniculatum*
1104	紫花白前	*C. purpureum*
1105	地梢瓜	*C. thesioides*

1106	雀瓢	var. anstrale
1107	隔山消	C. wilfordii
1108	直立白前	C. inamoenum
1109	变色白前	C. versicolor
1110	华北白前	C. hancockianum
1111	萝藦	Metaplexis japonica

旋花科 Convolvulaceae

1112	杠柳	Periploca sepium
1113	打碗花	Calystegia hederacea
1114	藤长苗	C. pellita
1115	篱打碗花	C. sepium
1116	宽叶打碗花	var. rosea
1117	长裂旋花	var. japonica
1118	日本打碗花	C. japonica
1119	田旋花	Convolvulus arvensis
1120	菟丝子	Cuscuta chinensis
1121	日本菟丝子	C. japonica
1122	北鱼黄草	Merremia sibirica
1123	圆叶牵牛	Pharbitis purpurea
1124	牵牛	P. nil
1125	裂叶牵牛	P. hederacea

花荵科 Polemoniaceae

1126	花荵	Polemonium liniflorum

紫草科 Boraginaceae

1127	勿忘草	Myosotis sylvatica
1128	狭苞斑种草	Bothriospermum kusnetzowii
1129	多苞斑种草	B. secundum
1130	斑种草	B. chinensis
1131	柔弱斑种草	B. tenellum
1132	砂引草	Messerschmidia sibirica ssp. angustior
1133	大果琉璃草	Cynoglossum divaricatum
1134	鹤虱	Lappula echinata
1135	中间鹤虱	L. intermedia
1136	紫草	Lithospermum erythrorhizon

1137	狼紫草	Lycopsis orietalis
1138	钝萼附地菜	Trigonotis amblyosepala
1139	水甸附地菜	T. myosotidae
1140	附地菜	T. peduncularis
1141	北齿缘草	Eritrichium borealisinense

马鞭草科 Verbenaceae

1142	荆条	Vitex negundo var. heterophylla
1143	牡荆	var. cannabifolia

唇形科 Labiatae

1144	藿香	Agastache rugosa
1145	紫苏	Perilla frutescens
1146	多花筋骨草	Ajuga multiflora
1147	白苞筋骨草	A. lupulina
1148	水棘针	Amethystea caerulea
1149	风轮菜	Clinopodium chinense
1150	麻叶风轮菜	C. urticifolium
1151	光萼青兰	Dracocephalum argunense
1152	香青兰	D. moldavica
1153	岩青兰	D. rupestre
1154	蜜花香薷	Elsholtzia densa
1155	细穗蜜花香薷	var. ianthina
1156	香薷	E. ciliata
1157	木香薷	E. stauntoni
1158	海州香薷	E. splendens
1159	活血丹	Glechoma longituba
1160	溪黄草	Isodon serra
1161	夏至草	Lagopsis supina
1162	益母草	Leonurus japonica
1163	大花益母草	L. macranthus
1164	细叶益母草	L. sibiricus
1165	白花细叶益母草	f. albiflorus
1166	錾菜	L. pseudo-macranthus
1167	地笋	Lycopus lucidus
1168	薄荷	Mentha haplocalyx
1169	康藏荆芥	Nepeta prattii

1170	雾灵荆芥	*N. steywartiana* var. *robusta*
1171	口外糙苏	*Phlomis jeholensis*
1172	糙苏	*P. umbrosa*
1173	大叶糙苏	*P. maximowiczii*
1174	尖齿糙苏	*P. dentosa*
1175	高山糙苏	*P. koraiensis*
1176	夏枯草	*Prunella asiatica*
1177	内折香茶菜	*Rabdosia inflexa*
1178	大叶山薄荷香茶菜	var. *macrophyllus*
1179	蓝萼香茶菜	*R. japonica* var. *glaucocalyx*
1180	丹参	*Salvia miltiorrhiza*
1181	荔枝草	*S. plebeia*
1182	荫生鼠尾草	*S. umbratica*
1183	裂叶荆芥	*Schizonepeta tenuifolia*
1184	黄芩	*Scutellaria baicalensis*
1185	北京黄芩	*S. p ekinensis*
1186	乌苏里黄芩	*S. ussuriensis*
1187	大齿黄芩	*S. macrodonta*
1188	并头黄芩	*S. scordifolia*
1189	雾灵山并头黄芩	var. *wulingshanensis*
1190	耳挖草	*S. indica*
1191	毛水苏	*Stachys baicalensis*
1192	华水苏	*S. chinensis*
1193	水苏	*S. japonica*
1194	地椒	*Thymus quinquecostatus*
1195	百里香	*T. mongolicus*
1196	展毛地椒	*T. quinquecostatus* var. *przewalskii*

茄科 Solanaceae

1197	泡囊草	*Physochlaina physaloides*
1198	曼陀罗	*Datura stramonium*
1199	小天仙子	*Hyoscyamus bohemicus*
1200	枸杞	*Lycium chinense*
1201	酸浆	*Physalis alkekengi* var. *franchetii*
1202	日本散血丹	*Physaliastrum japonicum*
1203	龙葵	*Solanum nigrum*
1204	野海茄	*S. japonense*

玄参科 Scrophulariaceae

1205	柳穿鱼	*Linaria vulgaris*
1206	陌上菜	*Lindernia procumbens*
1207	弹刀子菜	*Mazus stachydifolius*
1208	山萝花	*Melampyrum roseum*
1209	沟酸浆	*Minulus tenellus*
1210	返顾马先蒿	*Pedicularis resupinata*
1211	毛马先蒿	var. *pubescens*
1212	穗花马先蒿	*P. spicata*
1213	红纹马先蒿	*P. striata*
1214	轮叶马先蒿	*P. verticillata*
1215	万叶马先蒿	*P. myriophylla* var. *purpurea*
1216	短茎马先蒿	*P. artselaeri*
1217	华北马先蒿	*P. tatarinowii*
1218	粗野马先蒿	*P. rudis*
1219	金鱼草	*Antirrhinum majus*
1220	松蒿	*Phtheirospermum joponicum*
1221	地黄	*Rehmannia glutinosa*
1222	山西玄参	*Scrophularia modesta*
1223	长梗玄参	*S. fargesii*
1224	华北玄参	*S. moellendorffii*
1225	玄参	*S. ningpoensis*
1226	阴行草	*Siphonostegia chinensis*
1227	北水苦荬	*Veronica anagallis-aquatica*
1228	细叶婆婆纳	*V. linariifolia*
1229	水蔓菁	var. *dilatata*
1230	东北婆婆纳	*V. rotunda* var. *subintegra*
1231	光果婆婆纳	*V. rockii*
1232	水苦荬	*V. undulata*
1233	威灵仙	*V. komarovii*
1234	婆婆纳	*V. didyma*
1235	轮叶婆婆纳	*Veronicastrum sibiricum*

紫葳科 **Bignoniaceae**

1236 梓树　　　　　*Catalpa ovata*

1237 角蒿　　　　　*Incarvillea sinensis*

胡麻科 **Pedaliaceae**

1238 茶菱　　　　　*Trapella sinensis*

列当科 **Orobanchaceae**

1239 列当　　　　　*Orobanche coerulescens*

1240 黄花列当　　　*O. pycnostachya*

苦苣苔科 **Gesneriaceae**

1241 旋蒴苣苔　　　*Boea clarkeana*

1242 牛耳草　　　　*B. hygrometrica*

透骨草科 **Phrymataceae**

1243 透骨草　　　　*Phryma leptostachya*

车前科 **Plantaginaceae**

1244 车前　　　　　*Plantago asiatica*

1245 大车前　　　　*P. major*

1246 平车前　　　　*P. depressa*

1247 长柄车前　　　*P. hostifolia*

茜草科 **Rubiaceae**

1248 异叶车叶草　　*Asperula maximowiczii*

1249 卵叶车叶草　　*A. platygalium*

1250 北方拉拉藤　　*Galium boreale*

1251 四叶葎　　　　*G. bungei*

1252 大叶猪殃殃　　*G. dahuricum*

1253 三脉猪殃殃　　*G. kamtschaticum*

1254 线叶猪殃殃　　*G. linearifolium*

1255 东北猪殃殃　　*G. manschuricum*

1256 少花猪殃殃　　*G. oliganthum*

1257 林地猪殃殃　　*G. paradoxum*

1258 猪殃殃　　　　*G. aparine*

1259 山猪殃殃　　　*G. pseudo-asprellum*

1260 爬拉秧　　　　*G. spurium* var. *echinospermum*

1261 蓬子菜　　　　*G. verum*

1262 毛果蓬子菜　　var. *trachycarpum*

1263 薄皮木　　　　*Leptodermis oblonga*

1264 中国茜草　　　*Rubia chinensis*

1265 茜草　　　　　*R. cordifolia*

1266 草地茜草　　　*R. cordifolia* var. *pratensis*

1267 林茜草　　　　*R. sylvatica*

1268 大叶茜草　　　*R. leiocaulis*

1269 钩叶茜草　　　*R. oncotricha*

忍冬科 **Caprifoliaceae**

1270 六道木　　　　*Abelia biflora*

1271 狭叶二花六道木　var. *minor*

1272 金花忍冬　　　*Lonicera chrysantha*

1273 扁梗金花忍冬　var. *crassipes*

1274 长梗金花忍冬　var. *longipes*

1275 柔毛金花忍冬　f. *villosa*

1276 蓝锭果忍冬　　*L. caerulea* var. *edulis*

1277 紫花忍冬　　　*L. maximowiczii*

1278 北京忍冬　　　*L. pekinensis*

1279 葱皮忍冬　　　*L. ferdinandii*

1280 刚毛忍冬　　　*L. hispida*

1281 小叶忍冬　　　*L. microphylla*

1282 五台忍冬　　　*L. kungeana*

1283 金银忍冬　　　*L. maackii*

1284 长白忍冬　　　*L. ruprechtiana*

1285 华北忍冬　　　*L. tatarinowii*

1286 朝鲜接骨木　　*Sambucus coreana*

1287 接骨木　　　　*S. williamsii*

1288 无梗接骨木　　*S. sieboldiana*

1289 暖木条荚蒾　　*Viburnum burejaeticum*

1290 鸡树条荚蒾　　*V. sargentii*

1291 苍绿鸡树条荚蒾　f. *calvescens*

1292 毛鸡树条荚蒾　f. *puberulum*

1293 蒙古荚蒾　　　*V. mongolicum*

1294 锦带花　　　　*Weigela florida*

1295 白花锦带花　　f. *alba*

1296 早锦带花　　　*W. praecox*

五福花科 **Adoxaceae**

| 1297 | 五福花 | *Adoxa moschatellina* |

败酱科 **Valerianaceae**

1298	异叶败酱	*Patrinia heterophylla*
1299	岩败酱	*P. rupestris*
1300	黄花龙牙	*P. scabiosaefolia*
1301	白花败酱	*P. villosa*
1302	糙叶败酱	*P. scabra*
1303	缬草	*Valeriana officinalis*

川续断科 **Dispsacaceae**

1304	续断	*Dipsacus japonicus*
1305	华北蓝盆花	*Scabiosa tschiensis*
1306	大花蓝盆花	*S. superba*
1307	窄叶蓝盆花	*S. comosa*

葫芦科 **Cucurbitaceae**

| 1308 | 裂瓜 | *Schizopepon bryoniaefolius* |
| 1309 | 赤瓟 | *Thladiantha dubia* |

桔梗科 **Campanulaceae**

1310	狭长花沙参	*Adenophora elata*
1311	展枝沙参	*A. divaricata*
1312	紫沙参	*A. paniculata*
1313	石沙参	*A. polyantha*
1314	光萼沙参	var. *glabricalyx*
1315	长白沙参	*A. pereskiifolia*
1316	薄叶荠苨	*A. trachelioides*
1317	轮叶沙参	*A. tetraphyIla*
1318	荠苨	*A. trachelioides*
1319	多歧沙参	*A. wawreana*
1320	雾灵沙参	*A. wulingshanica*
1321	柳叶沙参	*A. coronopifolia*
1322	长柱沙参	*A. stenanthina*
1323	山梗菜	*Lobelia sessilifolia*
1324	紫斑风铃草	*Campanula punctata*
1325	羊乳	*Codonopsis lanceolata*
1326	党参	*C. pilosula*

| 1327 | 桔梗 | *Platycodon grandiflorus* |

菊科 *Compositae*

1328	蓍草	*Achillea alpina*
1329	齿叶蓍	*A. acuminata*
1330	千叶蓍	*A. millefolium*
1331	短瓣蓍	*A. ptarmicoides*
1332	猫儿菊	*Achyrophorus ciliatus*
1333	腺梗菜	*Adenocaulon himalaicum*
1334	牛蒡	*Arctium lappa*
1335	艾蒿	*Artemisia argyi*
1336	朝鲜艾蒿	var. *gracilis*
1337	黄花蒿	*A. annua*
1338	茵陈蒿	*A. capillaris*
1339	南牡蒿	*A. eriopoda*
1340	白莲蒿	*A. gmelinii*
1341	绒毛白莲蒿	var. *intermedia*
1342	绿叶白莲蒿	f. *viridis*
1343	万年蒿	*A. vestita*
1344	绒毛万年蒿	var. *discolor*
1345	绿叶万年蒿	f. *viridis*
1346	小银蒿	f. *hololeuca*
1347	歧茎蒿	*A. igniaria*
1348	五月艾	*A. princeps*
1349	柳叶蒿	*A. integrifolia*
1350	细裂叶蒿	*A. tanacetifolia*
1351	野艾蒿	*A. lavandulaefolia*
1352	青蒿	*A. apiacea*
1353	狭叶青蒿	*A. dracunculus*
1354	山蒿	*A. brachyloba*
1355	蒙古蒿	*A. mongolica*
1356	牡蒿	*A. japonica*
1357	白毛蒿	*A. leucophylla*
1358	雾灵蒿	*A. wulingschanensis*
1359	红足蒿	*A. rubripes*
1360	猪毛蒿	*A. scoparia*

1361	绢毛滨蒿	f. villosa
1362	水蒿	A. selengensis
1363	大籽蒿	A. sieversiana
1364	线叶蒿	A. subulata
1365	阴地蒿	A. sylvatica
1366	三褶脉紫菀	Aster ageratoides
1367	裂叶鸡儿肠	A. associatus var. stenolobus
1368	短毛紫菀	A. brachytrichus
1369	狭叶鸡儿肠	A. holophyllus
1370	紫菀	A. tataricus
1371	雾灵紫菀	var. robustus
1372	萎软紫菀	A. flaccidus
1373	中亚紫菀木	Asterothamnus centraliasiaticus
1374	苍术	Atractylodes lancea
1375	朝鲜苍术	A. koreana
1376	北苍术	A. chinensis
1377	全叶苍术	var. simplicifolia
1378	鬼针草	Bidens bipinnata
1379	柳叶鬼针草	B, cernua
1380	小花鬼针草	B. parviflora
1381	三叶鬼针草	B. pilosa
1382	狼把草	B. tripartita
1383	山尖子	Cacalia hastata
1384	无毛山尖子	var. glabra
1385	戟叶兔儿伞	var. orientalis
1386	翠菊	Callistephus chinensis
1387	飞廉	Carduus crispus
1388	烟管头草	Carpesium cernuum
1389	石胡荽	Centipeda minima
1390	刺儿菜	Caphalanoplos segetum
1391	大刺儿菜	C. setosum
1392	魁蓟	Cirsium leo
1393	烟管蓟	C. pendulum
1394	大蓟	C. japonicum
1395	林蓟	C. schantarense
1396	崂山蓟	C. uninervium var. laushanense
1397	小飞蓬	Conyza canadensis
1398	甘菊	Dendranthema lavandulifolium
1399	野菊	D. indicum
1400	甘野菊	D. boreale
1401	小红菊	D. chanetii
1402	楔叶菊	D. naktogense
1403	紫花野菊	D. zawadskii
1404	东风菜	Doellingeria scaber
1405	短星菊	Brachyactis ciliata
1406	鳍蓟	Olgaea leucophylla
1407	蓝刺头	Echinops latifolius
1408	华北漏芦	E. pseudosetifer
1409	鳢肠	Eclipta prostrata
1410	飞蓬	Erigeron acer
1411	堪察加飞蓬	E. kamtschaticus
1412	泽兰	Eupatorium lindleyanum
1413	圆梗泽兰	japonicum
1414	阿尔泰狗娃花	Heteropappus altaicus
1415	多叶阿尔泰狗娃花	var. millefolius
1416	狗娃花	H. hispidus
1417	山柳菊	Hieracium umbellatum
1418	泥胡菜	Hemistepta lyrata
1419	旋覆花	Inula japonica
1420	柳叶旋覆花	I. salicina
1421	大花旋覆花	I. britanica
1422	线叶旋覆花	I. lineariifolia
1423	变色苦菜	Ixeris versicolor
1424	剪刀股	I. debilis
1425	苦菜	I. chinensis
1426	秋苦荬菜	I. denticulata
1427	羽叶苦荬菜	f. pinnatipartita
1428	抱茎苦荬菜	I. sonchifolia

1429	全叶马兰	*Kalimeris integrifolia*
1430	裂叶马兰	*K. incisa*
1431	山马兰	*K. lautureana*
1432	北方马兰	*K. mongolica*
1433	马兰	*K. indica*
1434	山莴苣	*Lactuca indica*
1435	多裂山莴苣	var. *laciniata*
1436	毛脉山莴苣	*L. raddeana*
1437	翼柄山莴苣	*L. triangulata*
1438	紫花山莴苣	*L. tatarica*
1439	大丁草	*Leibnitzia anandria*
1440	火绒草	*Leontopdium leontopodioides*
1441	薄雪火绒草	*L. japonicum*
1442	绢茸火绒草	*L. smithianum*
1443	肾叶橐吾	*Ligularia fischeri*
1444	狭苞橐吾	*L. intermedia*
1445	西伯利亚橐吾	*L. sibirica*
1446	河北橐吾	*L. sinica*
1447	蚂蚱腿子	*Myripnois dioica*
1448	毛连菜	*Picris japonica*
1449	金盏菜	*Tripolium vulgare*
1450	疏叶香青	*Anphalis margaritacea*
1451	黄鹌菜	*Youngia japonica*
1452	款冬	*Tussilago farfara*
1453	盘果菊	*Prenanthes tatarinowii*
1454	裂叶盘果菊	var. *divisa*
1455	大叶盘果菊	*P. macrophylla*
1456	祁州漏芦	*Rhaponticum unitlorum*
1457	龙江风毛菊	*Saussurea amurensis*
1458	紫苞风毛菊	*S. iodostegia*
1459	日本风毛菊	*S. japonica*
1460	白花风毛菊	var. *leucocephala*
1461	翼茎风毛菊	var. *alata*
1462	华北风毛菊	*S. mongolica*
1463	东北风毛菊	*S. mandshurica*

1464	齿叶风毛菊	*S. neoserrata*
1465	银背风毛菊	*S. nirea*
1466	篦苞风毛菊	*S. pectinata*
1467	卷苞风毛菊	*S. sclerolepis*
1468	柳叶风毛菊	*S. epilobioides*
1469	锦毛风毛菊	*S. lanuginosa*
1470	草地风毛菊	*S. amara*
1471	心叶风毛菊	*S. cordifolia*
1472	异色风毛菊	*S. acromelaena*
1473	绿叶风毛菊	*S. discolor* var. *firma*
1474	燕尾风毛菊	*S. serrata*
1475	东北燕尾风毛菊	var. *amurensis*
1476	齿苞风毛菊	*S. odontolepis*
1477	乌苏里风毛菊	*S. ussuriensis*
1478	硬叶乌苏里风毛菊	var. *firma*
1479	雾灵风毛菊	*S. chowana*
1480	笔管草	*Scorzonera albicaulis*
1481	鸦葱	*S. glabra*
1482	东北鸦葱	var. *mandshurica*
1483	狭叶鸦葱	*S. radiata*
1484	桃叶鸦葱	*S. sinensis*
1485	阔叶鸦葱	f. *plantaginifolia*
1486	狗舌草	*Senecio kirilowii*
1487	羽叶千里光	*Senecio argunensis*
1488	林荫千里光	*S. nemorensis*
1489	河滨千里光	*S. pierotii*
1490	术叶千里光	*S. atractylidifolius*
1491	大花千里光	*S. ambraceus*
1492	蒲儿根	*S. oldhamianus*
1493	伪泥胡菜	*Serratula coronata*
1494	麻花头	*S. centauroides*
1495	钟苞麻花头	*S. cupuliformis*
1496	兴安麻花头	*S. hsinganensis*
1497	多头麻花头	*S. polycephala*

1498	腺梗豨莶	*Siegesbeckia pubescens*
1499	苣荬菜	*Sonchus brachyotus*
1500	苦苣菜	*S. oleraceus*
1501	兔儿伞	*Syneilesis aconitifolia*
1502	山牛蒡	*Synurus deltoides*
1503	尖叶山牛蒡	var. *hondae*
1504	芥叶蒲公英	*Taraxacum brassicaefolium*
1505	红梗蒲公英	*T. erythropodium*
1506	异苞蒲公英	*T. heterolepis*
1507	戟片蒲公英	*T. asiaticum*
1508	狭戟片蒲公英	var. *lonchophyllum*
1509	辽东蒲公英	*T. liaotungense*
1510	细裂辽东蒲公英	f. *lobulatum*
1511	蒲公英	*T. mongolicum*
1512	细裂蒲公英	*T. multisectum*
1513	东北蒲公英	*T. ohwianum*
1514	白缘蒲公英	*T. platypecidum*
1515	白花蒲公英	*T. pseudo-albidum*
1516	华蒲公英	*T. sinicum*
1517	突尖蒲公英	*T. cuspidatum*
1518	女菀	*Turczaninowia fastigiata*
1519	苍耳	*Xanthium sibiricum*
1520	多花百日菊	*Zinnia peruviana*
1521	菊三七	*Cynura japonica*

(二)单子叶植物纲 MONOCOTYLEDONEAE

眼子菜科 Potamogetonaceae

1522	菹草	*Potamogeton crispus*
1523	眼子菜	*P. distinctus*
1524	篦齿眼子菜	*P. pectinatus*
1525	穿叶眼子菜	*P. perfoliatus*
1526	线叶眼子菜	*P. pusillus*
1527	马来眼子菜	*P. malaianus*

茨藻科 Najadaceae

| 1528 | 大茨藻 | *Najas marina* |
| 1529 | 草茨藻 | *N. graminea* |

水麦冬科 Juncaginaceae

| 1530 | 水麦冬 | *Triglochin palustre* |

泽泻科 Alismataceae

1531	泽泻	*Alisma planta go-aquatica* var. *orientale*
1532	野慈姑	*Sagittaria sagittifolia*
1533	细叶慈姑	var. *longiloba*

禾本科 Gramineae

1534	勃氏针茅	*Stipa przewalskyi*
1535	华北翦股颖	*Agrostis clavata*
1536	小糠草	*A. alba*
1537	远东芨芨草	*Achnatherum extremiorientale*
1538	光颖芨芨草(羽茅)	*A. sibiricum*
1539	毛颖芨芨草	*A. pubicaiyx*
1540	京羽茅	*A. pekinense*
1541	看麦娘	*Alopecurus aequalis*
1542	羊草	*Aneurolepidium chinense*
1543	赖草	*A. dasystachys*
1544	荩草	*Arthraxon hispidus*
1545	野古草	*Arundinella hirta*
1546	野燕麦	*Avena fatua*
1547	燕麦	*A. sativa*
1548	西伯利亚冰草	*Agropyron sibiricum*
1549	水稗子	*Beckmannia syzigachne*
1550	白羊草	*Bothriochloa ischaemum*
1551	雀麦	*Bromus japonicus*
1552	野青茅	*Deyeuxia arundinacea*
1553	短毛野青茅	var. *brachytricha*
1554	粗壮野青茅	var. *robusta*
1555	糙毛野青茅	var. *hirsuta*
1556	宽叶野青茅	var. *latifolia*
1557	大叶章	*D. langsdorffii*
1558	热河野青茅	*D. austro-jeholensis*
1559	拂子茅	*Calamagrostis epigejos*
1560	大拂子茅	*C. macrolepis*

1561	假苇拂子茅	*C. pseudophragmites*
1562	虎尾草	*Chloris virgata*
1563	单蕊草	*Cinna latifolia*
1564	北京隐子草	*Cleistogenes hancei*
1565	中井隐子草	var. *nakai*
1566	中华隐子草	*C. chinensis*
1567	多叶隐子草	*C. polyphylla*
1568	糙隐子草	*C. squarrosa*
1569	无芒糙隐子草	var. *longearistata*
1570	薏苡	*Coixlacryma-jobi*
1571	龙常草	*Diarrhena mandshurica*
1572	矢部龙常草	*D. yabeana*
1573	止血马唐	*Digitaria ischaemum*
1574	马唐	*D. sanguinalis*
1575	升马唐	*D. adscendens*
1576	稗	*Echinochloa crusgalli*
1577	无芒稗	var. *mitis*
1578	长芒稗	var. *caudata*
1579	青稗	var. *viridissima*
1580	无芒野稗	ssp. *submutica*
1581	西来稗	var. *zelayensis*
1582	牛筋草	*Eleusine indica*
1583	披碱草	*Elymus dahuricus*
1584	肥披碱草	*E. excelsus*
1585	老芒麦	*E. sibiricus*
1586	偃麦草	*Elytrigia repens*
1587	大画眉草	*Eragrostis cilianensis*
1588	画眉草	*E. pilosa*
1589	小画眉草	*E. poaeoides*
1590	秋画眉草	*E. autumnalis*
1591	野黍	*Eriochloa villosa*
1592	远东羊茅	*Festuca extremoirientalis*
1593	羊茅	*F. ovina*
1594	紫羊茅	*F. rubra*
1595	狭叶甜茅	*Glyceria spiculosa*

1596	东北甜茅	*G. triflora*
1597	异燕麦	*Helictotrichon schellianum*
1598	牛鞭草	*Hemarthria altissima*
1599	猬草	*Hystrix komarovii*
1600	白茅	*Imperata cylindrica*
1601	广序臭草	*Melica onoei*
1602	细叶臭草	*M. radula*
1603	臭草	*M. scabrosa*
1604	大臭草	*M. turczaninowiana*
1605	莠竹	*Microstegium vimineum* var. *imberbe*
1606	粟草	*Milium effusum*
1607	芒	*Miscanthus sinensis*
1608	荻	*M. sacchariflorus*
1609	日本乱子草	*Muhlenbergia japonica*
1610	冠芒草	*Enneapogon borealis*
1611	狼尾草	*Pennisetum alopecuroides*
1612	白草	*P. flaccidum*
1613	草芦	*Phalaris arundinacea*
1614	芦苇	*Phragmites communis*
1615	早熟禾	*Poa annua*
1616	恒山早熟禾	*P. hengshanica*
1617	堇色早熟禾	*P. ianthina*
1618	柔软早熟禾	*P. lepta*
1619	林地早熟禾	*P. nemoralis*
1620	华灰早熟禾	*P. sinoglauca*
1621	硬质早熟禾	*P. sphondylodes*
1622	李枝早熟禾	*P. mongolica*
1623	西伯利亚早熟禾	*P. sibirica*
1624	蔺状早熟禾	*P. schoenites*
1625	草地早熟禾	*P. pratensis*
1626	多叶早熟禾	*P. plurifolia*
1627	长芒棒头草	*Polypogon monspeliensis*
1628	微药碱茅	*Puccinellia micrandra*
1629	大药碱茅	*P. macranthera*

1630	毛盘鹅观草	*Roegneria barbicalla*	1664	异鳞薹草	*C. heterolepis*
1631	毛叶毛盘草	var. *pubifolia*	1665	异穗薹草	*C. heterostachya*
1632	雾灵鹅观草	*R. hondai*	1666	河北薹草	*C. langiana*
1633	蛊草	*R. hondai* var. *fascinata*	1667	低薹草	*C. humilis*
1634	纤毛鹅观草	*R. ciliaris*	1668	矮丛薹草	var. *nana*
1635	毛节纤毛草	f. *eriocaulis*	1669	白头山薹草	*C. peiktusanii*
1636	缘毛鹅观草	*R. pendulina*	1670	白鳞薹草	*C. polyschoena*
1637	鹅观草	*R. kamoji*	1671	四花薹草	*C. quadriflora*
1638	直穗鹅观草	*R. turczaninovii*	1672	早春薹草	*C. subpediformis*
1639	百花山鹅观草	var. *pohuashanensis*	1673	东陵薹草	*C. tangiana*
1640	裂稃草	*Schizachyrium brevifolium*	1674	毛鞘薹草	*C. raddei*
1641	金狗尾草	*Setaria glauca*	1675	乌苏里薹草	*C. ussuriensis*
1642	狗尾草	*S. viridis*	1676	鸭绿薹草	*C. jaluensis*
1643	紫穗狗尾草	var. *purpurascens*	1677	日本薹草	*C. japonica*
1644	大狗尾草	var. *gigantea*	1678	披针叶薹草	*C. lanceolata*
1645	大油芒	*Spodiopogon sibiricus*	1679	尖嘴薹草	*C. leiorhyncha*
1646	黄背草	*Themeda japonica*	1680	翼果薹草	*C. neurocarpa*
1647	虱子草	*Tragus berteronianus*	1681	扁秆薹草	*C. planiculmis*
1648	大虱子草	*T. racemosus*	1682	疏穗薹草	*C. remotiuscula*
1649	草沙蚕	*Tripogon chinensis*	1683	细叶薹草	*C. rigescens*
1650	西伯利亚三毛草	*Trisetum sibiricum*	1684	宽叶薹草	*C. siderosticta*
1651	茅香	*Hierochloe odorata*	1685	冻原薹草	*C. siroumensis*
1652	毛鞘茅香	*H. odorata* var. *pubescens*	1686	阿穆尔莎草	*Cyperus amuricus*
1653	三芒草	*Aristida adscensionis*	1687	异型莎草	*C. difformis*
1654	茅根	*Perotis indica*	1688	球穗莎草	*C. glomeratus*
1655	溚草	*Koeleria cristata*	1689	褐穗莎草	*C. fuscus*
	莎草科 Cyperaceae		1690	碎米莎草	*C. iria*
1656	球柱草	*Bulbostylis barbata*	1691	黄颖莎草	*C. microiria*
1657	球穗薹草	*Carex amgunensis*	1692	白鳞莎草	*C. nipponicus*
1658	短鳞薹草	*C. angustinowiczii*	1693	直穗莎草	*C. orthostachyus*
1659	紫鳞薹草	*C. angarae*	1694	矮莎草	*C. pygmaeus*
1660	麻根薹草	*C. arnellii*	1695	中间型荸荠	*Eleocharis intersita*
1661	羊角薹草	*C. capricornis*	1696	槽秆荸荠	*E. valleculosa* f. *setosa*
1662	扁囊薹草	*C. coriophora*	1697	单鳞苞荸荠	*E. uniglumis*
1663	华北薹草	*C. hancockiana*	1698	单穗飘拂草	*Fimbristylis subbispicata*

1699	水莎草	*Juncellus serotinus*
1700	光鳞水蜈蚣	*Kyllinga brevifolia*
1701	槽鳞扁莎	*Pycreus korshinskyi*
1702	球穗扁莎	*P. globosus*
1703	红鳞扁莎	*P. sanguinolentus*
1704	藨草	*Scirpus triqueter*
1705	庐山藨草	*S. lushanensis*
1706	东方藨草	*S. sylvaticus* var. *maximowiczii*

天南星科 Araceae

1707	菖蒲	*Acorus calamus*
1708	东北天南星	*Arisaema amurense*
1709	紫苞天南星	var. *violaceae*
1710	齿叶东北天南星	var. *serratum*
1711	朝鲜天南星	*A. peninsulae*
1712	一把伞南星	*A. erubescens*
1713	半夏	*Pinellia ternata*

浮萍科 Lemnaceae

1714	浮萍	*Lemna minor*

鸭跖草科 Commelinaceae

1715	鸭跖草	*Commelina communis*
1716	疣草	*Murdannia keisak*
1717	竹叶子	*Streptolirion volubile*

雨久花科 Pontederiaceae

1718	雨久花	*Monochoria korsakowii*
1719	鸭舌草	*M. vaginalis*

灯心草科 Juncaceae

1720	多花地杨梅	*Luzula multiflora*
1721	云间地杨梅	*L. wahlenbergii*
1722	灯心草	*Juncus decipens*
1723	小灯心草	*J. bufonius*
1724	细灯心草	*J. gracillimus*

百合科 Liliaceae

1725	矮韭	*Allium anisopodium*
1726	砂韭	*A. bidentatum*
1727	黄花葱	*A. condensatum*

1728	热河葱	*A. jeholense*
1729	野韭	*A. ramosum*
1730	长柱韭	*A. longistylum*
1731	薤白	*A. macrostemon*
1732	密花小根蒜	var. *uratense*
1733	北葱	*A. schoenoprasum*
1734	天兰韭	*A. cyaneum*
1735	长梗韭	*A. neriniflorum*
1736	山韭	*A. senescens*
1737	雾灵韭	*A. stenodon*
1738	细叶韭	*A. tenuissimum*
1739	球序韭	*A. sacculiferum*
1740	茖葱	*A. victorialis*
1741	对叶韭	var. *listera*
1742	知母	*Anemarrhena asphodeloides*
1743	山天冬	*Asparagus gibbus*
1744	兴安天冬	*A. dauricus*
1745	长花天冬	*A. longiflorus*
1746	南玉带	*A. oligoclonos*
1747	石刁柏	*A. polyphylus*
1748	龙须菜	*A. schoberioides*
1749	曲枝天冬	*A. trichophyllus*
1750	七筋姑	*Clintonia udensis*
1751	铃兰	*Convallaria keiskei*
1752	宝铎草	*Disporum sessile*
1753	轮叶贝母	*Fritillaria maximowiczii*
1754	土麦冬	*Liriope spicata.*
1755	藜芦	*Veratrum nigrum*
1756	小顶冰花	*Gagea hiensis*
1757	顶冰花	*G. lutea*
1758	少花顶冰花	*G. pauciflora*
1759	小黄花菜	*Hemerocallis minor*
1760	黄花萱草	*H. lilio-asphodelus*
1761	萱草	*H. fulva*
1762	松叶百合	*Lilium cernuum*

1763	渥丹	*L. concolor*	1792	野鸢尾	*Iris dichotoma*
1764	矮百合	var. *partheneion*	1793	马蔺	*I. lectea* var. *chinensis*
1765	有斑百合	var. *pulchellum*	1794	紫苞鸢尾	*I. ruthenica*
1766	黄花百合	*L. coridion*	1795	矮紫苞鸢尾	var. *nana*
1767	卷丹	*L. lancifolium*	1796	石柱花	*I. uniflora*
1768	山丹	*L. pumilum*	1797	囊花鸢尾	*I. ventricosa*
1769	舞鹤草	*Maianthemum bifolium*	1798	珊瑚兰	*Corallorhiza trifida*
1770	北重楼	*Paris verticillata*	1799	杓兰	*Cypripedium calceolus*
1771	小玉竹	*Polygonatum humile*	1800	斑花杓兰	*C. guttatum*
1772	毛筒玉竹	*P. inflatum*	1801	大花杓兰	*C. macranthum*
1773	二苞黄精	*P. involucratum*	1802	细萼杓兰	*C. ventricosum*
1774	长苞黄精	*P. desoulayi*	1803	手参	*Gymnadenia conopsea*
1775	玉竹	*P. odoratum*	1804	角盘兰	*Herminium monorchis*
1776	热河黄精	*P. macropodium*	1805	二叶兜被兰	*Neottianthe cucullata*
1777	五叶黄精	*P. quinguefolium*	1806	小斑叶兰	*Goodyera repens*
1778	黄精	*P. sibiricum*	1807	羊耳蒜	*Liparis japonica*
1779	狭叶黄精	*P. stenophyllum*	1808	对叶兰	*Listera puberula*
1780	绵枣儿	*Scilla scilloides*	1809	堪察加鸟巢兰	*Neottia camtschatea*
1781	鹿药	*Smilacina japonica*	1810	尖唇鸟巢兰	*N. acuminata*
1782	三叶鹿药	*S. trifolia*	1811	蜻蜓兰	*Tulotis asiatica*
1783	心叶菝葜	*Smilax higoensis* var. *ussuriensis*	1812	小花蜻蜓兰	*T. ussuriensis*
1784	鞘柄菝葜	*S. stans*	1813	大叶长距兰	*Platanthera freynii*
1785	卵叶扭柄花	*Streptopus ovalis*	1814	二叶舌唇兰	*P. chlorantha*
1786	油点草	*Tricyrtis puberula*	1815	凹舌兰	*Coeloglossum viride*
1787	棋盘花	*Zigadenus sibiricus*	1816	沼兰	*Malaxis monophyllos*
1788	穿山龙	*Dioscorea nipponica*	1817	蒙古红门兰	*Orchis salina*
1789	戟叶薯蓣	*D. doryophora*	1818	绶草	*Spiranthes sinensis*
1790	薯蓣	*D. opposita*			
1791	射干	*Belamcanda chinensis*			